遠山真学塾エルダリーコース

# 数楽力への挑戦

[数が苦]からの脱出法

小笠毅・林由紀 編

新評論

## はじめに——学びの希望をともにして

　お年寄りの脳の活性化に算数・数学が注目されています。単純な計算をするだけで血流がよくなるとのことです。しかし、それは作業のようなもので、考える楽しさは存在しないのではないでしょうか。より奥深い脳の活性化を期待するためにも、左から右に計算問題をこなすだけでなく、ちょっと立ち止まって算数の不思議に触れ、楽しく学ぶことが必要だと思います。そのために私たちの塾では、15年も前から熟年のみなさまとの「エルダリーコース」に挑戦してきました。

　エルダリーコースは、毎週月曜日と金曜日の、朝10時30分から始まります。みなさんには、授業が始まる前に配られた、計算や図形のちょっとした問題が書いてある「頭の体操」に挑戦してもらいます。
「うーん。先週の問題に比べて今日のはちょっとむずかしいな。先生、何かヒントをもらえませんか？」
"生徒"のみなさんにとっては、周りにいる講師をつかまえて、ちょっとしたおしゃべりを楽しむリラックスした時間でもあります。ところが、ホワイトボード（白板）の前に講師が立って、「みなさん、おはようございます……」と授業の開始を伝えると、ぱっと姿勢を正して「さあ、やるぞ！」と一気に教室の雰囲気が変わります。

　エルダリーコースに参加されているみなさんは、60歳代から70歳代の方です。お孫さんと一緒に勉強したいという人、小学校までしか卒業していないのでもういちど算数を学びたいと思った人、算数はどちらかというと

苦手だったけどなんとかわかるようになりたいという憧れをもってきた人など、参加された理由はさまざまです。

それにしても、この年齢となって、なお「学びたい」と思ったその原動力はなんだったのでしょうか。ある日、「孫と勉強したい」といって参加された瀬川さんに聞いてみました。

「瀬川さん、私は大学を卒業してやっと勉強しなくてすむと思ったのに、どうしていま、算数を学びたいと思われたのですか?」

「うーん。私は孫がいるんでね。最初は孫に勉強を教えたいけど、自分が勉強した方法で教えていいのかなと思ってね、いまの教え方を知りたかったんだ。でも、もともと好奇心があってね、何でもやってみたいと思っているんだ。算数を学べる場所なんてほかにはなかったし、いい機会だったんだよ。孫のためと思ったのが、やっているうちに自分の楽しみになってきたよ。先生、新しいことを知りたいという思いはいつまでも変わらないんですよ」と、笑顔でこたえてくれました。

「エルダリーコース」は、もともと「シニアコース」という名前で英語と算数・数学を中心にスタート(1996年)したのですが、途中から名称を変更しました。エルダリーコースの「elder」には、「年齢と経験によって尊敬に値する人」という意味があります。私たちは、この「尊敬」ということばをもっと大切にしなければいけないと思い、「エルダリーコース」という名称をいまは使っています。というのも、授業では、私たち講師がみなさんに教えていただくことがたくさんあるのではないかと予想できたからです。事実、かつては「尺」という単位を使って長さを測っていたという話をしたとき、逆に「先生、『くじら尺』というのを知っていますか?」というような質問を受けました。講師のほうは誰も知らなかったのですが、生徒側の参加者のみなさんは知っていて、実際に使っていたという人もいました。

年齢を重ねられた方には、それまでに培ってきた知恵がたくさんあります。それは、私たち講師（平均年齢25歳）が到底及ぶところではありません。しかし、学びの場をともにするということで、私たち若い世代もその知恵を学ぶことができるのです。つまり、エルダリーコースとは、単なるお年寄りの学びの場ではなく、若い世代からは「新しい知識」を、逆にお年寄りの世代からは「昔の知恵」を伝えあうという世代を超えた学びの場なのです。

　実は、私たちの遠山真学塾には、学ぶことに困難や障害のある子どもや若者がたくさん通ってくれています。ダウン症や自閉症あるいはLD（学習障害）、ADHD（注意欠陥多動性障害）などとアルファベットでよばれる子どもたちが、いちばんむずかしいといわれる算数や数学の勉強に挑戦しています。

　エルダリーコースのみなさんもまた、太平洋戦争という社会的なハンディキャップを負わされ、学校時代にはあまり勉強する雰囲気ではなく、押し出されるように戦後復興への道を歩まされた世代でしょう。それだけに、もういちど学び直してみたいという意欲に燃えている方々です。巷間には、高齢者の痴呆防止のために単純な計算問題が大きな話題になっていますが、これだけでみなさんの学ぶ思いに十分こたえられているとは思えません。もっと質の高い、数学的なテーマをともに教え学びあう"学びの共同体"をこそ、夢みることの大切さがあるのではないかと私たちは考えています。

　"計算脳"から"数楽脳"への挑戦。この本は、算数と聞くだけで頭が痛くなる私たち若い講師が受講者に支えられての連続講座をまとめたものです。"数が苦"から"数楽"への私たちの挑戦でもありました。一字でも、一行でも、みなさまのお役に立つことを楽しみにしています。

遠山真学塾　編集担当　林　由紀

"数楽力"への挑戦　もくじ

はじめに　1

### No.1　数の文化の不思議　9
　遠山先生のこころいき
　紙とエンピツさえあれば　　　　　　　　　　　　7

### No.2　「0」の不思議
　和田さんのつぶやき
　0は哲学です　　　　　　　　　　　　　　　　25

### No.3　たし算の不思議
　安井さんのきらめき
　1 + 1 = 1……!?　　　　　　　　　　　　　41

### No.4　ひき算の不思議
　瀬川さんのためいき
　指がたりないときのために……　　　　　　　　61

### No.5　かけ算の不思議
　稲垣さんのひらめき
　〈5 × 3〉と〈3 × 5〉はどう違う……　　　　83

## No.6 わり算の不思議

[山田さんのはばたき]
たてて・かけて・ひいて・おろす……　　107

## No.7 助数詞と単位の不思議

[矢島さんのおどろき]
1ポン、2ホン、3ボン……　　129

## No.8 小数の不思議

[塾長の特別講義]
超少ない0.0008％の手取り金利を歩合でいうと……　　147

## No.9 割合の不思議

[横田さんのかんげき]
消費税は高いか安いか？　　169

## No.10 分数の不思議

[佐々木さんのときめき]
分数のわり算の不思議発見!?　　187

おわりにかえて　204

No. 1

# 数の文化の不思議

## 遠山先生のこころいき

## 紙とエンピツさえあれば

小笠 毅

## ◆ 出会いから

「先生、素朴な質問ですが、数学って男が一生を懸けるほどおもしろい学問なんですか……」

浅はかだったなぁと、いまでも背筋に冷汗の出るような思いのする質問に、いつものように遠山 啓（ひらく）先生がほほえみながらこたえてくれました。

「そうだね、おもしろいから続けられるんだね。それに、数学ほど気楽に学べるものはないでしょう。紙とエンピツさえあればどこでも考えられるしね。キミも好きになるといいよ」

なにか、先生の心意気を感じる一瞬でした。もう30数年前にもなる先生との出会いから、なんのことはない、いま自分自身が一生を懸けた仕事として数や記号に取り囲まれているのですから、これはこれで不思議な人生ともいえるでしょうか。

この30数年の間、かつて算数・数学嫌いを自慢していた私が、確実にその呪縛から解き放たれてきている実感がありました。何よりも、自分のアタマが悪いから算数や数学がわからなかったのではなく、教科書や学校の授業のせいで「できず、わからずの教科」とされていたことが、このトシになってようやく、「なぜ、どうしてか」を分析的に理解できたことです。「数が苦」から「数楽」へ、自虐史観の自分史からの脱却こそ、私にとっていちばん大きな成果であるとともに次のステップへの基盤となりました。

## ◆ 数学史を読む

そのきっかけの1つは、数学史の存在でした。エジプトやバビロニアの数や記号の話から、ターレスやピタゴラス、プラトン、アリストテレスなどのギリシア文化を彩る数学の発展史を知るのには、それほどむずかしい数学の知識や技術は不要です。必要とするのは、読解力かもしれません。

## 遠山　啓 (1909〜1979)

「どういう動機で数学者になったのかとよく訊かれるが、ひとことでこたえることはむずかしい。

　まず第一に、その厳密さに魅力を感じたということがいえるだろう。いちど証明してしまえば、何万人の人が反対であろうと、真理であることに変わりはない、ということの学問だけがもっているさわやかさが、そのころの私をひきつけたように思える」

　遠山が算数・数学教育に関心をもちだしたのは、自分の子どもの算数嫌いがどうしてなのか、というところからでした。そして、算数の教科書を見ておどろきました。こんな教科書ではわからないのはとうぜんだ、と考え、1952（昭和26）年に数学教育協議会を結成し、数学教育の改良運動に身を投じたのです。

　タイルを使って計算の仕組みをわからせる「水道方式の算数」は、この運動の大きな成果の1つです。それまでの数え主義とは反対に「量から数へ」という原則で、量から数を引きだす媒介物としてタイルを使い、さらに計算練習は最少の練習量で最大の効果をあげるための体系を考えました。これは筆算を中心として、日本の伝統的な暗算中心の方式とはまっこうから対立するものでした。

　もう1つ、教育者としても子どもたちのために大きな種を蒔きました。「テスト→点数→序列づけ」という教育体制を批判し、「点眼鏡」で子どもを見ないように訴えました。終生、一 "数楽者" を任じてきた遠山啓は、教育の改革に一生を捧げました。

生命40億年誌のなかで、数の歴史もまた文字通り数奇な物語に満ちたものでした。人間の歴史が500万年としてたかだか5000年の文明だとすれば、これは翻いてみる価値があるし、わからなくてももともとという妙な打算もあります。
　私なりに学んだ事柄をまとめて紹介してみましょう。まず、数がどうして生まれたか、という根源的な問いがあります。実は、これについては「よくわからない」としかこたえられないことを率直におわびしなければなりません。しかしながら、アメリカの言語学者チョムスキー（1928〜　）の普遍言語の理論のように、人間の脳には数についての普遍的な感覚が、なんらかの原因や理由があってもともと存在するのではないかと思えるところもあります。
　いわゆる、いまだ文明の洗礼を受けないで生活している人たちのなかにも、たいていの場合に「いち、に」、それ以上は「いっぱい」といった意味の数言語があるといわれているし、それはそのまま「ひとつ、ふたつ、みっつ」といった古代の日本人の数言語にも共通するものです。よくいわれるように、「ひと」は他人を意識したときに生まれたことばであり、「みっつ」とはいっぱいという意味の「満つる」からの転用です。
　では、それ以上の数を知らなかったのかといえばそうではなくて、一対一対応の考え方などを利用して数の実体を把握していたようです。たとえば、羊飼いが羊1頭を小石1こ対応させながら放牧した羊の総数を知っていたように。
　「同じ量」や「多い」、「少ない」といった量の認識は、それをどのように表記するかという、いわば数量の文字化や記号化を促したと思われます。骨や木に1つずつ刻みこみをしたずっと昔の祖先がだんだん数字を考えだしてくるドラマは、現代に生きる私たちには体験することのできない劇的な一瞬一瞬に満ちていたのではないでしょうか。それが証拠に、「いち」は縦、横の違いはあっても「1」や「一」という、おそらくは人の形を骨

などに刻みつけた形跡のものから生まれた"数字"であり、それが「に」集まった「Ⅱ」や「二」へと発展していったのでしょう。

　現に「1」は、日本で「ひと」、英語でも「one」とかいて「サムワン」とか「エブリワン」の「ひと」を意味するし、フランス語でも「un」は数字の「いち」と「ひと」を表す単語です。ついでに、ドイツ語の「ein」も同様の単語ですから、普遍単位なのかもしれません。

　そういえば、ギリシアでも「いち」を表す「モノス」ということばは「単位」を意味していて、かつては数字として扱われなかったとか。モノスとモノスをあわせると単位が「に」になります。この「に」という単位の合成をもとに、数字や数の概念が形成されたというのですから不思議です。そのこともあってか、ギリシアのあの文化華やかな時代にもとうとう「0」は発見されず、実に不便な数字を使っていたのでした。なお、「0」については「No.2『0』の不思議」でくわしくご紹介をいたします。

## ◆　日本人と数と

　ところで、日本で数や記号が使われ始めたのは果たしていつの時代でしょう。これもはっきりとわかっているわけではありませんが、結構昔からあったらしいのです。というのは、現在も使われている「ひとつ」とか「ふたつ」、「みっつ」といった数え方は大和ことばです。ちなみに、「イチ」は中国からきた呉音で、漢音は「イツ」です（呉音と漢音については、17ページの表を参照）。

　この「ひとつ」の「つ」は、個数などについたいわば「助数詞」ですから、語幹の「ひと」は、白川静（1910～、立命館大学名誉教授）先生によれば人間の「ひと」からきているというのです。

　　　　人ひとりを単位として、数を数えはじめる。だから「ひとつ」の

三内丸山古墳（写真提供：蝦名千賀子）

「ひと」というのは、人間であるということになります。（『文学講話Ⅰ』平凡社、2002年）

おそらくは、縄文や弥生の時代から「ひい、ふ、み、よ…」なんて数えていたのではないかと思われるところですが、これらのことばが文字化されるのはずっとあとです。わが国最古の本である『古事記』（8世紀）のなかにはもちろん漢数字で出ています。

縄文時代の遺跡で有名な青森県の三内丸山遺跡は、だいたい5000～6000年前の大型集落があったところです。いわゆる世界四大文明の開花した時代と軌を一にした文化興隆期でもあったのですが、その建造物や集落の設計によって、当時の数学や計数管理の水準がいかに高度なものであったかを知ることができます。

残念ながら文字や数字による記録がないので現在からの推測になるのですが、三内丸山の遺跡から見て、当時の縄文の人びとが12進法の測定尺度をもっており、巨大な掘立柱建物を造ったのではないかといわれています。なるほど、メソポタミアでは60進法が用いられ、エジプトでは太陽暦が使われていた時代ですから、12進法が三内丸山で使用されたからといってなんの不思議もないのですが、どうしてあの縄文時代に12進法なのだろうという畏敬の思いが生じます。

数のことばが古代ではどういわれていたのか、ということにも興味があります。大和ことばといわれる日本の古語の世界を、次に紹介します。

ご存じのように、もともとの数詞は、「ひとつ、ふたつ、みっつ……ここのつ、とお」と、1から10までをいいます。では、そのあとの「11、12、13……」をどういったのかを知る人はそう多くはないでしょう。

なんと「11」は「とおあまりひとつ」、「12」は「とおあまりふたつ」と19までいって、「20」になると「はた」とか「はたち」というのです。「はたちになれば酒もタバコもOK」などと、これはいまでも"現役"です。「21」は「はたあまりひとつ」と29までいいます。「30」は「みそ」、「40」は「よそ」というように十の位の単位は「そ」というのですが、「100」は「もも」で、「120」は「ももあまりはた」、「180」は「ももあまりやそ」、「200」になると「ふたほ」、「300」は「みほ」、「500」は「いほ」と単位の百は「ほ」といいます。そして、「1000」は「ち」、「1500」は「ちいほ」、「1521」は「ちいほあまりはたあまりひとつ」などと長ったらしい読み方でした。「10000」は「よろづ」、「800万」のことを「やほ（お）よろづ」といったので、いまでも「八百万の神様」を「やおよろづの神」がいたと信じている日本人もたくさんいるのではないでしょうか。もちろん、当時でも誰も八百万の神様の名前をいえる人はいなかったでしょうが。

ところで、「日本では」と一括りにしてきましたが、北のアイヌの人たちは、この数の体系とはまったく異なる数の文化をもっていました。なんと20進法の文化でしたし、それも、今日フランスなどで使用されている加法の20進法（たとえば、93をいうのに〈$4 \times 20 + 13$（quatre-vingts treize）カトルヴァントレイズ〉という）と違ってアイヌの数体系はひき算型の世界ではめずらしい20進法です。遠山啓先生の『数学入門（上）』（岩波新書、1959年、18ページ）には表1－1のように示されています。しかも、アイヌに近いカラフトの

表1－1　アイヌの数詞

| | |
|---|---|
| 10 —— | wanpe |
| 20 —— | hot |
| 30 —— | wanpe-e-tu-hot （20×2－10） |
| 40 —— | tu-hot （20×2） |
| 50 —— | wanpe-e-re-hot （20×3－10） |

人たちは10進法だというのですから、数の文化の多様多彩のおもしろさには目を見張るものがあります。

 **中国から学ぶ**

　このような日本古来からの数の文化に一大革命をもたらしたのは、中国との交流だったでしょう。いまでは、いつのころから中国や朝鮮の数の文化が伝わってきたのかはわかりませんが、おそらく海の道を利用した文化の交流は縄文、弥生の時代からあったでしょうし、日本の中央集権化にともなって新しい数の文化が定着してきたことでしょう。

　中国では、紀元1世紀のころにすでに『九章算術』という、役人を中心にした人たちのための算数・数学のテキストが高度な内容の記述とともに存在していました。ということは、すでにそれ以前から数の文化が定着していたことを証明しています。殷の時代（B.C.1500～B.C.1100ごろ）の甲骨文にも、数字や記号が亀の甲や羊の骨に刻みこまれており、いちばん大きな数は「3万」だというのです。また、暦についても、甲骨文と数字によって1つの文化が他の文明国同様に定着していたでしょう。ずっと昔のシルクロードの文化の交流は、相互に多大な恵沢をもたらしたのです。10進法もすでにこのころに確立し、後の周の時代（紀元前11世紀）に引きつがれていきます。

　『九章算術』は、秦の時代、漢の時代を経て集約されてきたものです。「九章」とは、方田、粟米、衰分、小広、商功、均輸、盈不足、方程、句股のことです。「方田」とは面積の測定であり、「粟米」とは穀物の計算、「衰分」とは税金、「小広」とは開平、開立の計算、「商功」は土木工事、「均輸」は人口や物価の統計、「盈不足」はいま流にいう過不足算、鶴亀算、「方程」は多元連立方程式のようなもの、「句股」とは測量や三平方の定理などのことです。「方程」はいまなお中学生を悩ませていますが、もとは

天秤の意味でした。

　この『九章算術』が奈良時代前後に日本に入ってきたころから、それまでの日本の数の文化が大きく変わっていきます。それまでの古代日本の大和ことばによる数詞中心の文化から、漢数字や計算文化が政治や行政に使用されだして、合理的な計数管理システムが着実に時代を改革していく平安時代を迎えるのです。

### ◆ 数革命

　中国との交流によって日本は大きく変化していったのですが、数の文化にとっては"数字革命"ともいえる様相をこの時代に見ることができます。それまでの「ひと、ふた、み……」の数詞中心から「一、二、三……」の漢数字と「イチ、ニ、サン……」の呉音や「イツ、ジ、サン……」の漢音による数詞の読み方が"入国"して、10進位取りが定着し始めます。確かに、「とおあまりひとつ」よりは「イチ・ジュウ・イチ」、「イチ・ヒャク・サン・ジュウ・ニ……」といったほうがよくわかります。

　さらに、仏教とともに日常生活とは無縁の大きな数も輸入されてきたでしょう。それまでの「八百万の神」どころか「十万億土」の「億」とか、ガンジス河を表す「恒河沙(こうがしゃ)」とか「不可思議」などの仏教用語の数詞や数字もまた私たちの祖先がおそらくびっくりしつつ吸収していった数の文化であったでしょうし、「分厘毛糸……」と続く小数の世界もこののち

表1-2　呉音と漢音

| 数字 | | 呉音 | 漢音 |
|---|---|---|---|
| 1 | 一 | イチ | イツ |
| 2 | 二 | ニ | ジ |
| 3 | 三 | サン | サン |
| 4 | 四 | シ | シ |
| 5 | 五 | ゴ | ゴ |
| 6 | 六 | ロク | リク |
| 7 | 七 | シチ | シツ |
| 8 | 八 | ハチ | ハツ |
| 9 | 九 | ク | キュウ |
| 10 | 十 | ジュウ | シュウ |
| 100 | 百 | ヒャク | ハク |
| 1000 | 千 | セン | セン |
| 10000 | 万 | マン | バン |

日本の経済社会に根を下ろしていきました。

　歴史の授業で学んだ大化の改新は645年、「ムシゴハンタイテイワオウ　大化の改新」と覚えている私たちの塾の講師や、「ムシゴロシ……」と無気味な語呂合わせで覚えている講師もいますが、この前後から唐文化の流入は著しくなり、律令国家の数量的な基盤が次第に固まってきました。

　唐の制度をまねた「班田収授の法」は、6歳以上の男子に2段、女子にその3分の2、奴や婢にそれぞれの3分の1の口分田を与えて一生その国益を許し、死んだときには国家に返還する制度でした。これには測量術や分数計算が発達していなければできないわけですし、農地面積の単位「歩、段、町」がしっかりとわかっていないことには意味がありません。これ以外にも、相当高度な計算感覚を当時の人びとがもっていた証拠でもあります。

　当時の日本人をして、もっとも「すごいなぁ」と思わされるのが『万葉集』のなかの数遊びです。かけ算九九が、自由自在に歌に織り込まれているのです。

　　　　十六待 如　床敷而……
　　　　　し　まつごとく　とこしきて
　　　　加是二二知三　三芳野之……
　　　　　かくし　しらさむ　みよしのの

　このように、九九のこたえや式を読みこんだ万葉の人びとの生活は、いったいどのようなものだったのでしょう。ひょっとすると、唐の文化をまねて人心が安定したときから「まねび＝学び」の心がだんだん萎えていき、いわば爛熟期から衰退への一歩を、これらの歌遊びに見る思いがします。

　ちょうど、現在の若者の競馬熱を考えてみると、あんなに賭け率（オッズ）や確率の世界を楽しむ人たちが、果たして数学的な創造力をもっているかと問えばすぐにわかりますが、予想紙を見ながらやれ「1－3」、「2－5」と赤エンピツを走らせていてもおそらく組み合わせの理論やゲーム

の理論を学んでいるとはいえないでしょう。同様に、学問が遊興に堕していくとき、文化は後退するのかもしれません。九九を和歌に織りこむ雅びの心から数学への学びの心の質的な転換は、残念ながら日本では生じませんでした。その結果、そのあとの平安時代から中世戦国時代に至っては科学的な数学の発展はほとんどなく、江戸時代の『塵劫記(じんこうき)』まで暗い時代を送るのですが、そのなかにもいくつかのエピソードを見ることができます。

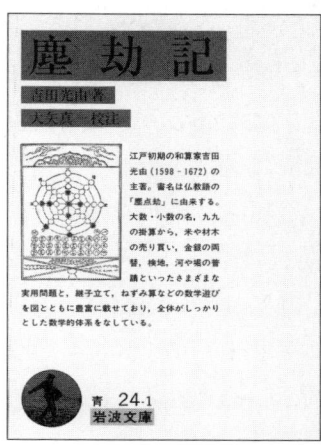

校注者　大矢真一、岩波書店、1977年

　中世のヨーロッパを「暗黒の時代」といういい方がありますが、日本はどうでしょう。平安時代に大きく咲いた文化が王朝文化だとすると、鎌倉、室町時代はいわば武士と僧侶を中心とした複合文化を特色としています。とりわけ、室町時代の五山文化を中心にした京都と鎌倉の寺院における文学の興隆は、もう一方で数の文化を文字に吸収し、遊戯化する新しい発展を示しました。御伽草子や謡曲の世界、碁石で遊ぶ十不足や百五減、佐々立など、江戸時代まで続く数学遊戯がこのときに生まれました。

　そして、室町から戦国へと時代が移り変わることによって、遊びから戦さや領地経営などの実用数学が武士階級に必要とされる時代となりました。計算や計数管理のできない領主や武士は、戦国の荒波に飲まれていく運命となったのです。その１つのエピソードを、大矢真一著『和算以前』（中公新書、1980年）から紹介しておきます。

　1644（天文13）年頃の石見（島根県）の領主であった多胡辰敬は、のちに毛利氏に滅ぼされているのですが、その家訓には、第一に手習い学文（問）、第二に弓、そして以下のように続きます。

第三、算用事なり。算用と申せば、天地ひらけはじまりしより、一年を十二月に定め、一月を三十日に定め、一日を十二時に定むる事。みな算用なり。商い利銭事は申すに及ばず、奉公しょくけいも算用に漏るることなし。算用を知らぬもの、人の費えも知らず。（省）算用を知れば道理を知る。道理を知れば迷いなし。

　もう1つ、豊臣秀吉（1538〜1598）が備中・高松城を水攻めにして亡ぼした清水宗治（1537〜1582）が、人質となった長男に残した処世の遺言の歌にこうあります。

**朝起きや上意算用武具普請人を使ひて事をつつしめ**

　もちろん、この算用とは数学のこと、切腹に際してもなお気がかりだったのでしょう。なぜなら、これらを大切にしなかったがために自死せざるをえなくなったのですから。
　歴史の示すところでは、このあと織田信長（1534〜1582）の敵討ちに秀吉が明智光秀を追って一挙に京にとって返し、その結果天下人になるのですから、この一首に大きな時代の転機を見ることができます。歴史って、ほんとうにおもしろいですね。
　江戸時代への回り道をしてしまいましたが、『塵劫記』への長い道のりにはまだまだいっぱいのエピソードがあります。
　豊臣秀吉に仕えた曽呂利新左衛門が、秀吉からなんでも欲しいものを与えるといわれて、畳1枚にお米を1粒、2枚目に2粒、3枚目に4粒、4枚目に8粒と、1枚ごとに2倍ずつ1か月間お米をくださいと言ったので、そんなことならたやすいこととOKしたのですが、なんと1か月後の32枚目には約43億粒にもなるのです。これには、秀吉もまいったとか。
　実はこの計算、いまでは指数関数といわれる〈$y = a^x$〉の式で、いわゆ

る「倍々算」。あっというまにたいへんな数字になります。さすがの秀吉も数字には弱かったというたとえ話のひとつです。ちなみに、これを計算してみましょう。

$$1 + 2 + 2^2 + 2^3 + \cdots + 2^{31} = 2^{32} - 1 = 4,294,967,295 粒$$

米1升が約5万粒として、85,900升

米1斗＝10升として、8,590斗

米1石＝10斗として、859石

現在に換算すると米1石が約150kgですので、859石だと128,850kgになり、米1kgを約500円として計算すると、なんと64,425,000円となりました。秀吉がびっくりしたのも頷けます。

なお、ライバルの徳川家康（1542〜1616）については、指を折りつつたし算やひき算をしていたといった話も残っています。みなさん、それぞれご苦労をされたことでしょう。

◆ 『塵劫記（じんこうき）』

立命館大学の夏期集中講義の講師として呼んでもらって京都に1週間滞在したのですが、その合い間に天竜寺を訪ねました。江戸時代の最高の数学書『塵劫記』は吉田光由（93ページのコラム参照）によって書かれたものですが、どうして「塵劫」なのかずっと疑問に思っていたのです。ところがこの書名は、天竜寺の玄光という僧侶が「悠久の時間」を意味する「塵劫」の記として命名したというのです。そういえば、吉田光由も京都の角倉一族と呼ばれる富豪の出で、現在の右京区嵯峨野の出身ですから天竜寺はすぐ近くだったわけです。

『塵劫記』のすぐれたところはたくさんありますが、第一の功績は数の読

み方、呼び方である「命数法」といわれるものをはっきりさせたことです。江戸時代から現在までの4世紀にわたって、「一十百千万億兆京……」と、世界に誇る位取りが続いているのです。文化の違いとはいえ、欧米諸国の3桁区切りの数字の呼称に対して、4桁区切りで数字を認識できる日本の数の文化はすごい。しかも、整数の大きな位の数だけでなく、小数についても10進法が応用でき、「割分厘毛……」という歩合や割合の考え方も現在の私たちの日常生活のすみずみに生きているといえるのですから、これまたすごい。「五分五分」とか「二八のそば」などという小数表現の元はここからきているのです。

　また、現在ではメートル法が中心になったので一部の人たちしか使用しなくなりましたが、尺貫法や度量衡の単位についても、実にていねいな記述がなされています。

　そして、ソロバンの計算についても絵入りで解説されているのですが、「読み・書き・ソロバン」といわれた寺子屋教育の教科書として、明治時代まで約3世紀にわたって用いられた理由がここにあったといえます。ちなみに、私も珠算は初段の腕前ですから、吉田光由さんにいっぱいの感謝をしなければなりません。

『塵劫記』のおもしろさは、日常生活の"算術"だけではありません。生活に密着した"数学"や"数楽"、そして平方根や立方根、三平方の定理（ピタゴラスの定理）、三角法などにも及んだ高度な内容もあわせもっていました。『塵劫記』の数学について、現代との接点をいくつか記してみましょう。

　1つは、江戸時代の数学の水準を市民レベルで維持発展させたことです。周知のように、幕末に米欧諸国の数学文化が大量に流入してきますが、和算やソロバンで数の文化を培ってきていた日本人があっというまにこれを吸収したという柔軟性の背景には、『塵劫記』というすぐれた教科書が寺子屋を中心に使用されていたという事実がありました。とりわけ、計算に

ソロバンが用いられていたことは、いろいろな理由や原因で計算を不得手にしていた米欧人をびっくりさせたのです。しかも、21世紀のいまなお計算にかけてはおそらく世界でも有数の文化を誇っているのですから、これはこれですばらしいことです。

　第二に、『塵劫記』の内容が示す多様さに注目してみると、現在のシビルミニマムに匹敵するものをもっていることです。残念ながら、私たちの時代の教科書には理念がありません。文部科学省の検定教科書は、『塵劫記』のように生活を支え、知恵を高め、学びを豊かにしていこうという発想が弱いのですが、しょせん点数序列主義と競争原理の時代の先兵化した姿かもしれません。だから、骨と皮だけの算数・数学であり、「仏つくって魂入れず」の教科書になってしまったのでしょう。

　すでに紹介した『塵劫記』の構成は、プラグマティズムにみちた民間主導の教科書風読物ですから、いつでも、誰でも、どこでも買えるし、寺子屋はあるとき払いの催促なし、しかも授業料は金銭によらず物納でもよかったというのですから、貧乏人の子どもも利用できたのでしょう。教育のノーマライゼーションといっていい状態が、なんと江戸時代の日本に実現していたのです。

　さらに、第三の視点として、いわゆる「和算家」と呼ばれる関孝和（1640？〜1708）などの数学者が、市井の算術の文化を超える学問として数学を高めていこうと努力していたことです。

　時代は、洋の東西を問わず数学興隆期を迎えました。日本最初の算術書を著した毛利重能とほぼ同時代にはヨーロッパ・ルネサンスのなかでカルダノやネイピア、ヴィエト、あるいはガリレオ、ケプラーがおり、吉田光由の時代にはフェルマー、デカルト、パスカルが並び、関孝和にはニュートン、ライプニッツというように、数学革命の時代様相を呈していたのです。

　残念ながらここでも、江戸幕府の鎖国政策のために長崎の出島しか海外

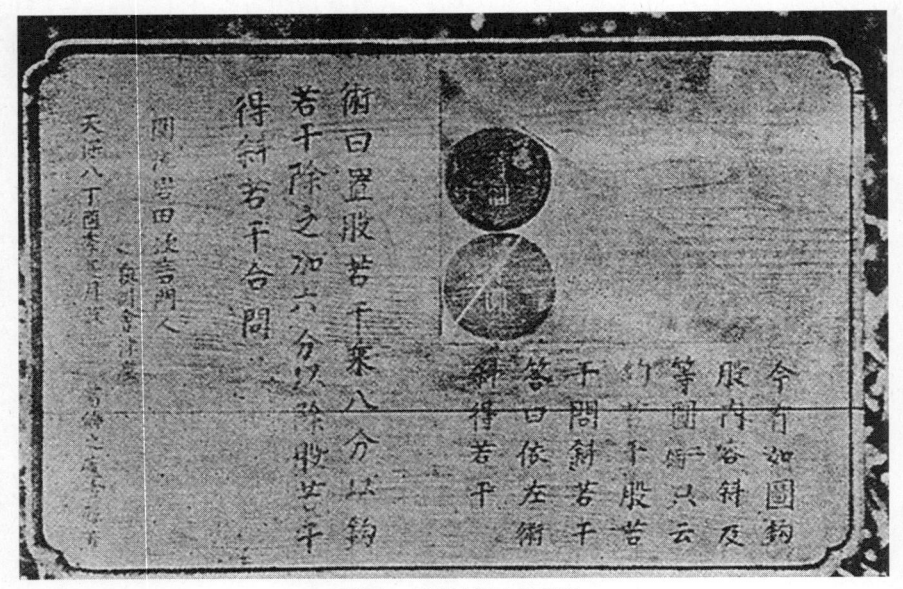

千葉市、千葉寺観音堂掲額

との窓口がなかったため、和算と洋算との出会いはほとんどなかったのですが、もしこの時代に東西の交流があれば、と考えるとほんとうにおしかったとしかいいようのない思いがします。

　日本が和算を捨てて洋算に帰依していく明治時代まで、せっかくの数学文化はまたまた遊戯の対象になっていきました。好事家の趣味として神社に奉納する算額などはそれなりに続くのですが、科学としての数学の発展はここからは生まれませんでした。

　いま、算数・数学嫌いの子どもや若者のあり方が学力低下の問題とともにクローズアップされていますが、なにも彼らだけでなく、かつて子どもや若者だった大人のみなさまも同じ日本の影を背負わされているとすれば、時の政治と社会、あるいは文化との相克の大きさを思い知らされるのです。

　欧米列強諸国の政治や経済、あるいは産業などを数次の視察によって目

の当たりにしてきた明治政府の政治家や官僚らが1872（明治5）年に急いでつくった「学制」は、まがりなりにもその後の教育立国日本への第一階梯を象徴するものでした。「邑に不学の戸なく」、誰もが地域の学校に通えるようにしようという発想は、残念ながらすぐには実現できませんでしたが、国民の学びへの意欲を高めようとした動機はすばらしいしいものでした。もちろん、「読み・書き・ソロバン」という江戸時代からの人びとの思いもあって、国語と算術は学校の授業でも大切にされました。

　しかしながら、「算術」という字義のように計算の技術ややり方を教えることが中心でしたから、数学本来の原理や原則を一般化し普遍化する学習は一部のエリート以外まったく学ぶ機会がありませんでした。その結果は、今日にまで影響しているようです。計算のできる子どもは「頭がよい」といわれ、できない子どもをバカにする風潮が、ひょっとすると私たちのなかにもあるように思います。公文式などの計算ドリル教室がいまなおたくさんの子どもに利用され、百マス計算や頭をよくする計算練習などが宣伝されているのを見ると、これは一種の"計算強迫症"とでもいえる国民病でしょうか。

## ◆　未来へ

「算術」という教科から「算数・数学」へと変化したのは、なんと第二次世界大戦に突入する1941（昭和16）年のことです。いわば、戦時体制の申し子ともいえる時代背景を色濃く残しているのがおもしろい。それまでの算術だけでなく、幾何や図形の内容が加えられて「算数」が生まれました。このときの算数教科書が手許にありますので、いくつかの文章問題を紹介しておきましょう。やはり、戦争を意識した問題が多くとりいれられています。

飛行基地ノ南方五百粁ノ海上ヲ、敵ノ艦隊ガ三十ノットノ速サデ南
　　へ逃ゲテ行クトイフ知ラセヲ、十六時二十分味方ノ索敵機カラ受ケタ
　　ノデ、ワガ爆撃機ノ編隊ハ直チニ基地ヲ飛ビ出シタ。秒速十米ノ南風
　　ガ吹イテキル。飛行機ガ敵艦隊ノ上空ニ達スルノハ何時ゴロカ。爆撃
　　機ノ風ノナイ所デノ速サガ一時間三百三十粁デアルトシテ計算セヨ。
　　　　　　　　　　　　　　（初等科算数八　昭和18年11月　文部省）
　　　時速250粁デ8時間航続シ得ル艦上攻撃機ガ、艦カラ出テ「ホノル
　　ル」ニ行キ、マタ、艦ニ帰ルタメニハ、艦ハ「ホノルル」カラ何海里
　　以内ニヰナクテハナラナイカ。ソノ範囲ヲ地図上デ調ベヨ。（同上）

　そして敗戦。1945（昭和20）年は戦後教育の出発点でした。それまでさ
んざん刷りこんできた戦争賛美の教科書に墨をぬって、新しい平和の時代
への一歩を踏みだしたのですが、憲法や教育基本法が意図した教育の理念
や目的が果たして実現したといえるでしょうか。ここからは、私たちが自
分史のなかに問いかけてみる価値があるように思います。
「あなたにとって、算数や数学とは、いったいなんだったのでしょうか」
と。
　そういえば、遠山先生の記された文章のなかに「学問の感化力を超える
ものはそれほど多くない」とありました。明治生まれの先生の心意気をあ
らためて知らされます。
「私にとって学問とは……」と、拙稿を書きながらずっと考えさせてもら
うことができました。ここからの出発です。

No. 2

# 「0」の不思議

## 和田さんのつぶやき

### 0（ゼロ）は哲学です……

京谷　朋子

◆ **0(ゼロ)は悩みの種？**

　数学をテーマに話をしたことがありますか。「数学」なんて聞いたら、学生時代に苦手で、卒業と同時に縁を切ったという方が多いのではないでしょうか。公式が覚えられなくて苦労したとか、数学の答案を返されるときがいちばんドキドキして、冷や汗をかいたとか……。実は、私もその1人でした。

　「何でなの？」、「どうしてなの？」と、たびたび授業を中断させたのですが、数学の先生は眉間にしわを寄せて「ちゃんと聞いていないからだ」と言うばかりでした。釈然としないまま授業はどんどん進んでいくので、当然、私の数学の成績はあまりよくありませんでした。

　計算はできるのに、なぜそうなるのかがわからない。知ろうとしても、式だけが書いてあるので仕組みがよくわからない、となんだか訳のわからないうちに苦手になってしまいました。おそらく、そんな経験があるのは私だけではないでしょう。

　では、簡単な小学校の1年生のたし算やひき算ならどうでしょう。たとえば、〈4＋0〉、〈2－0〉はというと、「なぁんだ、簡単じゃないか。0は、たしてもひいても変わらない。こたえは、〈4＋0＝4〉、〈2－0＝2〉、あたりまえでしょう」とニコニコするかもしれません。では、次に〈2－0〉を使って文章問題をつくってください。できますか？　計算は簡単にできるけれど、文章題となるとちょっとむずかしいのではないでしょうか。2から0をひくとは、どんな文章を書けばいいのでしょう。

　教室では、お孫さんたちに算数を教えたい、自分ももういちど勉強したいという人が机を並べています。今日の課題は、「0」を使った文章問題をつくることです。

　「お皿にアメが2こあります。そこから0こ食べました……これじゃぁ、

わざわざ"食べた"なんて書く必要はないなぁ」と、消しゴムを動かしてはまた考え込む表情、そして再びエンピツが動きます。

　確かに、「０こ食べる」なんて普段の生活では使わない表現です。ふつうは「食べませんでした」というので、「０こ食べる」という行為自体が成り立ちません。計算はこんなにも簡単なのに、子どもたちがわかりやすい表現はないものかとことばを探すのにひと苦労です。実際に、この「０こ食べる」という文章は数学的表現として使われることがありますが、それはあくまでも数学的であって、日常的な表現としては不自然なことばです。

　１、２、３……という数字は実際にものの数を数えて確認することができるのに、「０」は何もない状態を表す数字です。何にも「ない」のに数字が「ある」なんてとても不思議ですね。

　文章問題をつくるときに苦戦するのは、この「ない」のに「ある」という考え方を使わないといけないからです。この課題を終えたあと、「これじゃぁ、まるで哲学の話をしてるみたいだ」と、和田さんがつぶやきました。どうして、小学校１年生のときに出てくるような問題が「哲学」なのでしょうか。どうやらそれを知るためには、この「０」という不思議な数字をきちんと知ることが必要のようです。

## ◆　哲学の素（もと）「０」を少々

　「０」という数はどんな数かと聞かれたら、みなさんはどのようにこたえますか。たとえば、「冷蔵庫のなかにタマゴが３こありましたが、料理をつくるために３こ全部を使いました。残りはいくつでしょう」と問われれば、〈３－３＝０〉と式もこたえもすぐにわかりますよね。冷蔵庫のなかのタマゴは０こ、カラッポです。１、２、３……などは「ある」ものの量を表す数字ですが、０は「ない」という量を表す数字なのです。では「な

い」ということばを、いったいどのように子どもたちに説明すればいいでしょう。

　国語辞典をひいてみると、「【ない・無い】⇔ある　①存在しない。②所有しない。持っていない」と書いてあります。「ない」とは存在するべきものがそこにない、あるべきものがない、ということで初めて説明できるようになります。これは、本来なら何かがあったということが前提で「ない」という状態ができあがるということになります。この場合でいうと、先ほどの冷蔵庫にタマゴはあったが、いまは使い切ってしまってないという具合です。

　0こというのは、指さし確認をしながら「1こ、2こ、3こ……」と数えることと意味がまったく違ってきます。「0」は、視覚では確認できません。何にもない状態の冷蔵庫を見て、即座に「タマゴが0こある！」と発見することはなかなか至難の業です。なぜなら、無を意識するということは、人類が何千年という長い時間をかけてやっと獲得した考え方だからです。そんな途方もないことを、わずか6、7歳のときに小学校で習います。

　私たちは小さな子どもに「0」を教えるとき、まず"本来あるべきもの"と意識できるものを用意して説明します。たとえば、自分の体にはおヘソがついているけれどカエルにはないとか、お皿にクッキーを置いておいて、それを1こずつ取ってカラッポにしてしまったりします。「ない」という状態を教えることはそんなに簡単なことではないのです。

　そして、今回のエルダリーコースでも、この「0」というつかみどころのない数をめぐっていろいろな疑問や発見がありました。

## ◆「0」をひくってどういうこと？

　この「0」という数字はとても不思議な数字で、話題に事欠きません。

また、書店でも「０」に関する本がよく並んでいます。たった１つの数字で本が何冊も書けてしまう、それほど特別な数字なのです。
　何十年ぶりに生徒として授業を受けるという参加者がいる教室は、いつもほどよい緊張感が漂っています。「自分が当てられたらどうしよう……」と、あのドキドキ感を抱えている人にこんな質問をしてみました。
「〈４＋０〉はいくつでしょう？」
「４ですよ」
　当てられたほうも、あまりの簡単さに物たりないようです。
「では、〈２－０〉は？」
「２！」
　こちらも即答です。これでは「私の名前はヤマダタロウです。さて、私は誰でしょう？」と、すでに正解が出ている問いにこたえるようなもので、あまりにも単純すぎて拍子抜けしてしまいます。
　この「０」のたし算、ひき算の１問を解くときに、みなさんはどのくらいの時間をかけますか。おそらく、この単純明快な計算に向きあう時間はほんの少しだと思います。計算が苦手だという子どもたちでも、これは自信をもってこたえを書いてくれます。
　子どもたちだけでなく私たちも、「０」はたしてもひいてもほかの数に影響しないオバケのようなもので、透明で通り抜けられる数として見ていたりします。このように、「０」の計算はとても簡単ですが、実際にこんなものが本の主役になるようなスゴイ歴史をもっているのです。
「みなさん、計算は簡単ですね。では、お子さんやお孫さんたちのために、この〈４＋０〉と〈２－０〉の式を使う文章問題をもういちど考えてみましょう。レジュメの空欄に書いてみてください」
　少し首をかしげながら、思いついたフレーズを書きとめていく人や自信ありげに問題用紙に向かう人、それぞれがいろいろなストーリーをつくり始めました。

「子どもなら、お菓子がいいかなぁ……」と、お孫さんのことを考えながら瀬川さんの文章が始まります。別の人は、「庭に２羽ニワトリがいました……なんてね〜」と冗談のような口調で言いながらエンピツがすべり出しましたが、それがあるところでピタッと一時停止。それからしばらくして、視線が問題用紙から空に移ってしまう人もいました。
「……０羽いなくなる……？」
「０こ買ってくるって、結局、買わないのと一緒よねぇ」
　教室のあちらこちらで、フツフツと疑問が湧きだしてきました。それでも、なんとか文章問題は完成したようです。

「できた問題を、誰か教えていただけませんか？　佐々木さんどうですか？」
　発言を求められた佐々木さんは、自分のつくった問題に少し不安な様子です。
「……いや、できるにはできたんだけどね。……私がつくったのは"公園で遊んでいる子どもが２人いました。帰る時間になって、０人が家に帰りました。残りは何人でしょう"これじゃぁ、ちょっとおかしいよね。だって、誰も帰らなかったんだもん。わざわざ文章にする必要ないよね」
「確かに、そうですよね。もう少し、みなさんの問題を聞いてみましょうか……ありがとうございました。では、〈４＋０〉のほうはどうですか？　それでは安井さん、どうなりましたか？」
「はい？！　えっ、私？」
　急に順番がまわってきた安井さん、自信がなさそうな表情で解答を読み始めます。
「ケーキが４こありました。０こ買ってくると、ケーキはあわせて何こでしょう……」
「お隣の稲垣さんはどうですか？」

「私も、アメで同じような文章になりました。でもちょっとね、"0人帰る"とか"0こ買ってくる"って結局なにも変化しないから、こんな話はできないんじゃないかしら？」
「なんというか、おかしな文章表現だよね」
　口ぐちに疑問が出てきて、教室のなかがにわかに活気づいてきました。
「そもそも、子どもたちに"0こ"ってどうやって説明するのかねぇ」
「まぁ、文章表現はおかしいがあっていますよね……式はできるわけだし」

　実は、同じように見える「0」でも4種類の役割があるのです。「無の0」、「計算の0」、「空位の0」、「基準の0」と、私たちが普段なにげなく使っている数字なのですが、どうやら「0」は一筋縄ではいかない数字らしいことが見えてきました。

 ## 「ない」のに「ある」とは……無の「0」

　「ケーキが0こ」や「ニワトリが0羽」というと、イメージするのがたいへんです。何がたいへんかというと、実際にはどちらも「ない」という一言で片付けられてしまうところです。先ほどの佐々木さんの問題にしても、「0人帰る」ではなく「誰も帰らなかった」とすれば日常の会話で使われる自然な表現になります。それでもあえて「ない」を数字にして「0」と書くのですから、何だか手品師のように空中から何かを取り出すような感じとなります。
　もともと、「0」という数字の出発点はカタツムリの貝殻などでした。計算をしてこたえが「0」になったときや、何かの数を調べて目的のものがなかったときとか、もちろん何もないということですからその欄はわざわざ数を置く必要もなく空白のままとなります。でも、空白の部分をその

図2－1　0にする図

ままにしておくととっても不便です。どこまで計算したのか、どこまで調べたのかわからなくなってしまって、最初からやり直すと手間もかかります。しかし、目じるしにその空欄に貝殻などを置いておくと、ひと目で「ない」状態なのか、まだやっていないのかが判別できます。それが、だんだんと貝殻などの代用品として「丸いしるし」をつけるようになりました。これが「0」の発明です。この数字の「0」は、マヤ文明のころにはすでに使われていたそうです。

「0を子どもに教えるときは、そこに動作が1つ入らないとわかりづらいということになります。たとえば、お皿の物を1こ1こたいらげて、最後には"なくなっちゃったよ"と言います。目の前のものがなくなると、さっきまではあったけどいまは"ない"ことがハッキリするから、それを"0こ"と教える……」

「つまり、子どもたちには、誰かが教えないと"0こ"に気がつかないということですね？」と、稲垣さんが私のことばをつないでくれました。

「そう、その通りなんです。まず"0"の居場所みたいなものがあって、そこに何かが入っていたこと、その物がなくなってしまった状態にも数字があることを誰かが教えないと気がつかないのです。つまり、器がないと

"0"にはならないんです」

「それじゃぁ、この話は哲学ですなぁ」と、口数のあまり多くない和田さんがポツリと一言。その何気ないつぶやきが、さらにたくさんの世界の窓を開くことになりました。

## ◆ 数を数える、表す、まとめる

　パッと見て、一目でそれがいくつあるかとわかるのは何こまでしょう。もちろん、個人差がありますが、小さい子どもなら3つくらいまでで、大人でも5つくらいではないでしょうか。目の前に5本、6本とペンの束をそれぞれ置いて、「どっちが多いでしょう？」と聞かれたら、きっと数を数えてからこたえるでしょう。

　私たちは、ある数以上になると、どれぐらい多いかということがわからなくなります。しかし、日常の生活で、3や5以上の数をきちんと使いこなさなければなりません。そのために人類は、数に関する記録をとるようになりました。たとえば、獲物を1匹あるいは1頭とれば、骨にしるしを1つ刻むといった具合に、獲物と刻みのペアをつくりました。驚いたことに、このような刻みのある骨が3万年ほど前の遺跡からも発見されています。

　数を表す道具は、骨の刻み以外にも小石、ビーズ、貝殻、縄の結び目、粘土に開けた穴などがありました。しかし、物によって1つずつ対応させていくという方法には、数えるものが多ければ多いほどしるしが増えるという不便がともないました。そのために、1度数えて記録したものを整理し、まとめることで数をより扱いやすくする方法が生まれました。

　2つになったら1セットとして別の石に置き換える。そして、また次の組をつくるというように2を基本にまとめていく2進法、ほかに12や60、そしてとりわけ私たちになじみがあるのが5や10のまとまりです。10を1

つのまとまりとして使うものを「10進法」といいます。「1が10こで10。10が10こで100……」というように、10がまとまりの基本になっていきます。

　このように、人類は数を扱うための方法や決まりをつくってきましたが、目に見えない世界の数、つまり「0」についてはまだまだ未知のままでした。

## ◆ 人類が「0」に気がついたのはいつ、どこで？

　さて、ここでちょっと話題を変えましょう。「いま、何時何分ですか？」と聞かれたら、みなさんはどうされますか。太陽や星の位置で「うぅ～ん……3時5分だ！」と、ズバリといい当てられる人はまずいません。壁にかかっている時計とか腕時計に視線をチラッと走らせて、「3時5分」とこたえる人がほとんどでしょう。では、先ほどの質問を少し変えてみます。

「いまとは何ですか？」

　こんなふうに言い換えたら、急にむずかしくなりましたね。いまとは何なんでしょう。1分、1秒と時間は刻々と流れ続けていて、「いま」という瞬間を切り取るのはたいへんむずかしい作業となります。

　しかし、そんな作業に取り組んだ人たちがいました。彼らはその作業をするために「いま」ということばにもうひと工夫して、説明するときに手がかりになることば、対立するものや対等なものをいくつか考えだしました。そこで登場したのが「いま」を基準とした「過去」と「未来」ということばです。つまり、もうすでに完了してしまって過ぎていった時間と、いまだ来ぬこれからの時間です。そうすると、「いま」ということばもずいぶんと輪郭がハッキリしてきます。このことばを3点セットとして考えだしたのはインド人でした。

　この3種類のことばのうち、これまで経験した時間である「過去」や、

いままさに生きている時間である「現在」は記憶に焼き付けられていますが、「未来」だけは違います。「いまだ来ぬ時間」と名付けられている通り、私たちはそれがどんなものかを知りません。けれども人間は、これを意識する不思議な能力をもっていて、「未来」はあるとその存在を理解し、ことばで表現することを成し遂げました。そこから、「無」の世界への扉が開かれていったのではないでしょうか。それが「0の発見」につながったと思います。

これまで空位を表すために使っていた単なる記号に、意味を与えた瞬間が「0の発見」でした。この「0」が、海路や陸路を伝って地球上を旅し始めます。その旅の途中にはいろいろなことがありました。行き着いた先で重宝がられることもあれば、「0」の種が根をはることを快く思わない人たちによって無視をされたり、人びとの目に触れないようにされたこともありました。

## ◆ インド・アラビア式位取り記数法

中世の前半、ヨーロッパには「アバクス」という桁を表す罫のあるテーブルのような計算道具を使って、計算を職業にしていた人たちがいました。彼らは「アバクス師」と呼ばれ、コインをアバクスの上に並べて計算をしていました。いまでこそ紙とエンピツさえあれば誰でも計算をすることが可能ですが、当時は特別な道具と知識や技術がないと計算はできませんでした。

そして彼らは、職業的計算師としてその身分を教会から保障されてもいました。当時のヨーロッパでは、識字率も低く、本を読むことができるのは身分の高い王族・貴族や、高度な教育を受けた教会の僧侶や学者だけでした。グーテンベルク（1398〜1468、Johannes Gutenberg）の活版印刷によって本が一般人向けに出版されるようになるまで、聖書も学術書もラテ

ン語で書かれ、内容を知るためには教会に集まったり、身分の高い者の朗読や講釈に頼るしかありませんでした。文字ですら人びとになじみのあるものではない時代ですから、計算もそれほど普及していたとも思えません。それと同じように、数字や数に関するあらゆる知識はアバクス師たちが握り、そのことによって知的な特権をもっていた彼らの身分は保障されていたのです。

そこへ、12世紀の終わりごろ、インド発西方アラビア経由でもたらされた計算方法がやってきます。テーブルもコインも使わず、特別な場所もとらない計算方法、つまり、フィボナッチが考えだした「インド・アラビア式位取り記数法」による計算です。計算を簡単にしてしまうその方法をアバクス師たちは恐れ、嫌いました。実は、その方法とは私たちがいま使っているあの筆算なのです。**図2-2**のように、〈12309＋23480〉も筆算に書き換えれば簡単に計算ができます。

「0」によって空位を表し、整然とした式が書けるようになったおかげで、誰にでも計算の仕組みがわかるようになりました。そして、今日のように、私たちが気軽に生活で使えるようになったのです。

図2-2　空位を表す「0」

| 万の位 | 千の位 | 百の位 | 十の位 | 一の位 |
|---|---|---|---|---|
| 1 | 2 | 3 | 0 | 9 |
| ＋2 | 3 | 4 | 8 | 0 |
| 3 | 5 | 7 | 8 | 9 |

0があると位がズレしない!!

# フィボナッチ FIBONACCI（1174？～1250？）

　12世紀の終わり、イタリアのピサ市は、たくさんの植民地をもち、繁栄していました。この市の貿易商ボナッチの息子として生まれたのが、フィボナッチです。フィボナッチとは、Filius Bonacci を略したもので、ボナッチの息子という意味です。

　かれは『Liber abaci』（算数の書）という本を書きましたが、この本がヨーロッパで広く読まれ、インド・アラビア記数法が拡がったのです。

　「インドの9つの数字は9，8，7，6，4，3，2，1である。これらにアラビアでの『sifr』と呼ばれる記号0を使うと、どんな数でもみんな表すことができる」と、彼の本に書かれています。

遠山啓・矢野健太郎編『100人の数学者』（日本評論社、1971年）より

　この「sifr」は「空」の意味で、フィボナッチはラテン語で「cephirum」と呼びましたが、これがイタリア語の「Zero」（ゼロ）に変わりました。

　フィボナッチは、このほかにもいろいろな仕事をしましたが、そのなかに、円に内接、外接する正96角形を使って、

$$\frac{1440}{458\frac{4}{9}} < \pi < \frac{1440}{458\frac{1}{5}}$$

をだし、$\frac{4}{9}$ と $\frac{1}{5}$ の平均をとってπの値を $\frac{864}{275}$ としました。この値は、小数に直すと、「3.141818……」となります。

　そして、もっと有名なのが「フィボナッチの数列」です。1，1，2，3，5，8，13，21，34……と続くのですが、どんな性質をもっているのでしょう。なんと、松ボックリのかさの並び方もフィボナッチ数列なんですね。2つ前の数字をたしあわせたものが、次の数字になって数列をつくるのです。こんど、松かさをゆっくりと見てみませんか。

### ◆ 空をつかむ

　昔（紀元前6世紀ごろ）の中国に、道教の伝説上の祖として有名な老子という思想家がいました。彼の有名なことばに「無用の用」というものがあり、その一節に「粘土をこねて、陶器を作る。その陶器は中の空白部があればこそ、物を入れるという陶器の役割がはたせるのだ」（『老子道徳教』）というくだりがありました。授業も終わって、和田さんのつぶやきから高校生のときに習った漢文のことをボンヤリ思い出し、「0」の歴史を含めて改めて調べに行くことにしました。そこで知ったことは、「0」には2つの歴史があるということでした。つまり、「発明の歴史」と「発見の歴史」です。

　発明の経緯は、先ほど記した貝殻から代用品として丸いしるしが使われるようになったことで、およそ紀元前3世紀ごろにはバビロニア、インド、マヤにあったというのです。しかしそのころには、現在のような「無としてのゼロ、計算のゼロ、空位のゼロ」という3つの役割はきちんと備わってはおらず、ただカラッポだというしるしに使われたり、「101」のように位が空の場所を埋めるためのものとして使われていたりしていました。こうして空いている場所に0を置くことによって、どんな大きな数も小さな数も自由自在に表すことができるようになりました。

　"発見"と"発明"とはことばが似ているために区別しにくいのですが、たとえば「コロンブスが新大陸を発明した」とはいいませんし、「エジソンが蓄音機を発見した」ともいいません。「0」にはこの発見と発明のエピソードがついているので、ほかの数字と比べて話題に事欠かないのです。そして、とりわけ人びとを惹きつけてやまないのが「発見の歴史」です。

　位取りの原理の考え方とともに「0」の居場所みたいなものの発見があって、「0」は初めてわかる数字なのです。それだけに子どもには、誰かが教えてあげないと気が付かないむずかしさがあるように思います。

0、1、2、3、4、5、6、7、8、9の10種類のなかで6世紀のインドで発見されたゼロ、誰が考え出したのかはハッキリとはわかっていません。それは、人類が長い時間をかけて経験した物事が積もり積もって、かたまって生みだされた謎に満ち満ちた新しい数です。1の0乗が「1」になったり、0の0乗がどうなるのかを多くの人が知らなかったりと、「0」の世界はまだまだ混沌としています。

最後に、〈2−0〉を見事に実演してくれた塾の子どもさんのエピソードを紹介しておきます。

2本の指をたてます。ゼロをとったといってもう一方の手で指の上の「空気」をとります。文字通り、「空をつかむ」のですが、2本の指はそのままです。なるほど、〈2−0〉は「2」が残る……。いまでは、私たちの塾における大学卒業者の入社試験の定番の問題となりました。

No. **3**

# たし算の不思議

安井さんのきらめき

$1 + 1 = 1 \cdots\cdots!?$

岩瀬　裕美

## ◆ 水滴とたし算

「1と1をあわせても、こたえが2にならない文章問題を思いつきますか？」

きょとんとした表情の顔が私を見つめます。そして、「〈1＋1＝2〉って習ったからなあ」と、山田さんが頭をかきながらつぶやきました。

子どもでも大人でも、先生の言うことは絶対だと思うと、ほかのこたえを探そうとしなくなってしまいます。この問題も、きっとその1つだといえます。〈1＋1＝2〉だと思いこんでいると、それ以外の考えがなかなか思いつきません。静まりかえった教室に、こたえを待つ私の心臓の音だけが聞こえるような気がします。この静けさに耐えられずに、用意しておいた例を挙げました。

「たとえば、コップについた水滴はどうでしょう。左側にある水滴1つと右側にある水滴1つがくっついたら、水滴は2つになりますか？」

「くっついたら、2つかどうかわかんなくなっちゃうよねえ」と、腕組みをしていた安井さんが言うと、隣にいた横田さんも頷きました。

「そうですよね……」と、もう少しみなさんに考えてもらってから結論を言うほうがよかったかなと反省しつつ、とりあえずことばを続けました。

「もとは2つの水滴でも、くっつくと、ちょっと大きくなった1つの水滴になりますよね」

何人かの顔がゆるみ、安井さんが「たし算なんて簡単だと思ってたけど、何でもたせるわけじゃないのね」と言って、笑顔を浮かべました。

## ◆ たし算のできるもの、できないもの

たし算についてお話しする前に、まずは量についての説明から始めましょう。

量は、私たちの目の前にさまざまな形で存在しています。コップのなかのコーヒーや、自分と相手との距離、部屋の人数、荷物の重さ、机の広さや今日の気温もすべて量です。私たちはこれらを、「大きい・小さい」「多い・少ない」、「長い・短い」、「暑い・寒い」などと比較することでことばとして表したり、「女の人が6人」、「30cmのものさし」などと数値化したりします。

また量は、「数えられる量」と「測られる量」に分けることができます。まずは数えられる量ですが、リンゴやエンピツ、イスや折り紙のように1つ1つがバラバラに分かれているものをさし、これを「分離量」といいます。「赤い花が1本、白い花が1本、あわせて何本？」といった文章問題がここからつくられ、たし算でこたえを出すことができます。

では、分離量を使った次の問題はたし算ができるでしょうか。

【問題】　ゾウ1頭と本1冊、あわせていくつ？

さて、こたえは2頭？、それとも2冊？

見かけがまったく違うものどうしをたす必要は、生活のなかにおいてはほとんどありません。また、「○頭」と「○冊」のように助数詞が異なっていたら、こたえを書くことができません。つまり、分離量どうしなら何でもたせるというわけではないのです。ただし、「ミカン1ことリンゴ1こ、あわせていくつ？」というような場合は、形の違うものどうしですが、「果物はあわせていくつ？」というようにミカンとリンゴを「果物」の仲間としてとらえればたし算の問題になります。もし、子どもに「パトカーと消防車で2つ」と言われたときは、「2つとも乗り物の仲間だね」と話してあげるといいかもしれません。

もう1つ、水や砂やひものように、単位を使うことで数値化できるものを「連続量」といいます。水滴のように連続量を1つ、2つと数えた場合は、たしてもこたえが出せませんが、計量カップやものさし、秤を使い、

単位をつけた数字で表すことでたし算の式ができます。水1dlとしょう油1dlをあわせたら何dlかという問題であれば、連続量でも〈1dl＋1dl＝2dl〉とこたえが出せるのです。

## ◆ 実験を通して

それでは、次の問題はたし算ができるでしょうか。

> 【問題】 同じ量のぬるま湯とお湯をあわせます。それぞれ30度と50度の場合、何度になるでしょう。
> 【こたえ】
> 　（ア）80度のお湯ができる
> 　（イ）50度以上80度未満のお湯ができる
> 　（ウ）30度と50度の間の40度くらいのお湯ができる

　すぐプリントに丸をつける人、エンピツが宙ぶらりんのままの人、問題をもういちど読みかえす人、近くにいた講師と話をしながらこたえを見つける人、いろいろな人がいます。
　横田さんは、（イ）の「50度以上80度未満のお湯ができる」に丸をつけたようです。ほかの人は（ウ）の「30度と50度の間の40度くらいのお湯ができる」に丸をしたようでした。
「丸をつけ終わったみたいですね。こたえがわかりましたか？」と、顔を見回します。ちょうど目が合った矢島さんにこたえを聞いてみました。
「私は（ウ）」と、いつもの笑顔でこたえてくれました。佐々木さんも、「お風呂でぬるいのと熱いの一緒にしたら、ちょうどよくなるしねえ」と合いの手を入れてくれます。「40度、わざわざ測らないけど経験で……」とこたえたのは和田さんです。横田さんが頷きながら聞いています。みん

図3-1　量の分類

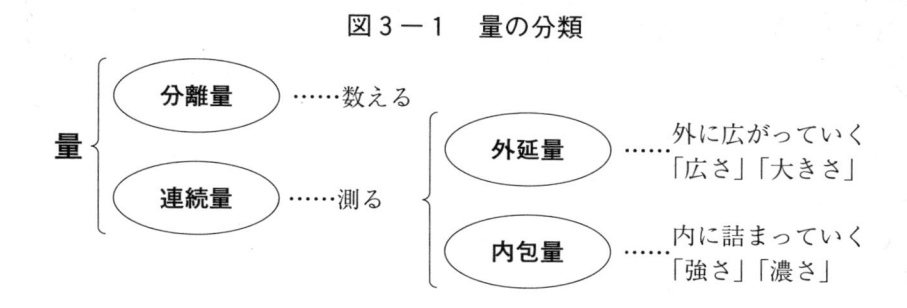

量 {
- 分離量 …… 数える
- 連続量 …… 測る { 
  - 外延量 …… 外に広がっていく「広さ」「大きさ」
  - 内包量 …… 内に詰まっていく「強さ」「濃さ」
}

なの話を聞いて、思いあたるところがあったのか、こたえを直しているようです。

「では、実際にやってみましょう」
　30度と50度の同量のお湯が入ったビーカーをあわせて温度を測ります。こたえは、（ウ）の「40度くらいのお湯ができる」でした。温度は、単位があって初めて数値化できる連続量の仲間ですが、今回の実験結果のように、液量や長さと違って加法性はありません。
　連続量は、性質によって２つの量に分けられます。たし算のできる「外延量」と、たし算のできない「内包量」です。外延量は、ひもの長さや水の体積のようなものさしや秤などを使って単位をつけて数値化します。もう一方の内包量は、速度や密度、濃度といった目には見えない質的な量を表します。時速50kmと30kmの電車を連結しても時速80kmにはならないように、内包量は２つのものをあわせても増加することはありません。

　では、次の問題です。
　この問題は、学校の授業をもっとおもしろくしようとがんばっている「仮説実験授業」のグループの先生方が工夫された有名な問題なので、ご存じの方もいらっしゃるかもしれません。ご一緒にどうぞ。

【問題】 ビーカーのなかに400gの水が入っています。そこに50gの木片を入れると浮かびました。このとき、全体の重さはどうなるでしょう。

【こたえ】
（ア）木片は浮かんでいるから重さは400gのまま
（イ）水面より上の木片の重さだけ増える
（ウ）水面より下の木片の重さだけ増える
（エ）木片の重さの分だけ増え、450gになる

　手を挙げてもらうと、（ア）の「木片は浮かんでいるから重さは400gのまま」は0人、（イ）の「水面より上の木片の重さだけ増える」が2人、（ウ）の「水面より下の木片の重さだけ増える」が4人、（エ）の「木片の重さの分だけ増え、450gになる」が2人で、こたえが見事に分かれました。

　エルダリーコースの授業でみなさんにこたえを考えてもらうことは何度もありましたが、このように、こたえがばらつくことはそうありません。何回か授業をやっているうちに、大体いつもこたえがあっているという人が出てきます。そうすると、周りの人もその人のこたえに引っ張られてしまい、「あの人が言っているから正しいだろう」と思ってしまいがちです。そうなると、自分で考えるということをしなくなります。でも、ここでは、みなさんの頭を同じように悩ませることができました。なかなかよい問題を考えついたなあ、と心のなかでガッツポーズをしました。

　（ウ）を選んだ佐々木さんは、「（木片が）水に浸かっている分は重くなるわよね……」と話してくれましたが、「でも、この水に入っていない部分の重さはどこにいっちゃいますかね？」という質問には、「うーん」と困っている様子です。そのほかにも「水から出ているところの重さだけ増え

図3-2　木片とビーカーの絵

（ア）重さはそのまま　　（イ）木片の上の重さ分増える　　（ウ）木片の下の重さ分増える　　（エ）木片のすべての重さ分増える

400gの水　50gの木片

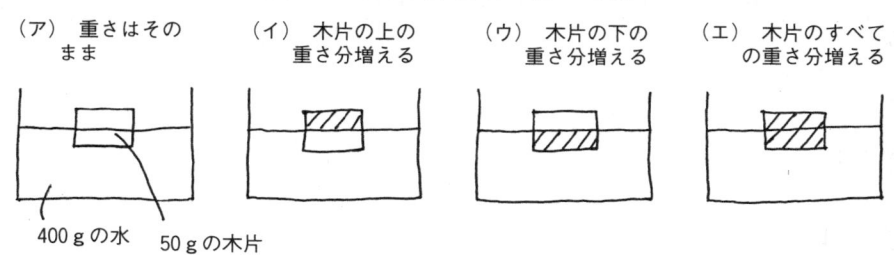

ているんじゃないかしら」と（イ）を選んだ安井さん。いつも、誰よりも早くこたえを頭のなかに浮かべて、腕組みをしながらみんなのこたえを待っていてくれる和田さんも、「今回はむずかしいなあ、まさか物理の問題をやらされるとはなぁ」と笑っています。

　それでは、実験の前に「外延量」と「内包量」について、もういちど確認しておきましょう。重さは外延量に分類されます。これは、たすことができる量です。誰かをおんぶして体重計に乗った重さは、その2人の体重の合計値になります。そのため、2つのものを一緒に測った重さと、それぞれの重さをたしたこたえは同じになるはずです。このように、「固体と固体」であれば重さはたせるということがわかりますが、水と石のような「液体と固体」や、水と塩のような「液体と粉体」になるとなんだかややこしくなりますね。

　今回は水と木片といった液体と固体の問題でしたが、ここでみなさんがひっかかったのは木片が水に浮いていたためです。石のように下に沈んでいる場合はその重さが直接秤に乗っているのでわかりやすいのですが、木片のように浮いているとなんだか軽くなったような気がしませんか？

　また、液体と粉体の場合、塩のように水に溶けこむものと片栗粉のように溶けないもので重さが変わるのではないかと考えがちですが、水と同一化してしまったとしても粉体の重さが消えてなくなるわけではありません。結果は、それぞれの重さをあわせた数値を秤の目盛りは指します。したが

って、先ほどの実験のこたえは、(エ)の「木片の重さの分だけ増え、450gになる」になります。

ビーカーと木片の乗った秤の目盛りを確かめながら、「へえー、やってみないとわかんないわねえ」と安井さんがちょっと声を大きくして言っています。実際に経験することってとても大事です。一口にたし算といっても、どんな量を使って考えるかによって、こたえが出せるものと出せないものがあるということがおわかりいただけたと思います。

## ◆ たし算の意味

「たかしくんはアメを3こ持っています。お母さんは1こ持っています。あわせて何こになるでしょう」というような、同時に存在する数量の合計を求める問題を「合併」といいます。簡単にいうと、「あわせていくつ」です。でも、30度のぬるま湯と50度のお湯をあわせても80度にはならないように、温度や速度のような内包量を用いた問題では合併のたし算はできません。

もう1つは「添加」です。お皿にリンゴが1こあるところへ、もうあと2こをつけ加えました。もちろん、全部で3こになりますが、このように、初めにあったところへあとからつけ加えるようなたし算のことを「添加」といいます。

たし算には、さらに増加・増大の意味もあります。エアコンの温度を20度から3度上げるといった内包量のたし算もできるのです。これと同じような例を挙げれば、エスカレーターや動く歩道の上を歩くときの速さのたし算です。これは、実感された方が多いでしょう。

たし算の意味と、「たせるもの」と「たせないもの」について考えてきましたが、では、これからたし算を学ぶ子どもにはどのように教えてあげればよいでしょう。

まずは、ミカンやクッキーなど１つ１つが数えられる分離量を使ってください。自分の手で実際にあわせたり加えたりすることで、たし算の意味と動作がつながってきます。そして、まずは合併の考え方で練習しましょう。子どもにとって、「合併」と「添加」の考え方の違いは大きいものです。「こうちゃんのクッキーとおばあちゃんのクッキーあわせていくつ？」というように、合併のたし算は場面を頭に浮かべやすい問題です。しかし、添加は加えるときに時間差があり、リンゴを「もらった」のか「あげた」のかなどのように立場によって表現が変わるので、どんな様子かをイメージすることがむずかしい子どもも多くいます。そのため、合併でたし算の考え方をゆっくり練習したあとに添加の問題をやってあげるといいでしょう。その場合も、「ゆうこちゃんは、エンピツを２本持っているでしょう、おばあちゃんが３本あげると全部で何本になる？」というように、身近にあるものを使って問題を考えることでたし算の意味がより理解できるでしょう。

　自分で体験し、それをことばに当てはめていくことが文章問題の理解にはとても大切です。初めは、ゆっくりと時間をかけながら、ことばと動きがつながってくるように気をつけてあげたいものです。また、乗り物が好きな子どもならミニカーや電車のオモチャ、ままごとが好きならミニチュアの果物など、子どもたちが興味をもっているものを使うことによって問題に集中することができ、楽しみながら学ぶことができます。

## ◆ 四角いタイルのよいところ

　安井さんのお孫さんは、たし算を練習しているところです。
「〈２＋３〉みたいなのは１人で指を使ってやってるんですけど、〈９＋３〉みたいなのはねえ、指がたりないでしょ。だから、私の指も貸してあげるんですよ」と、笑って話してくれました。

図3-3　貨幣とタイル

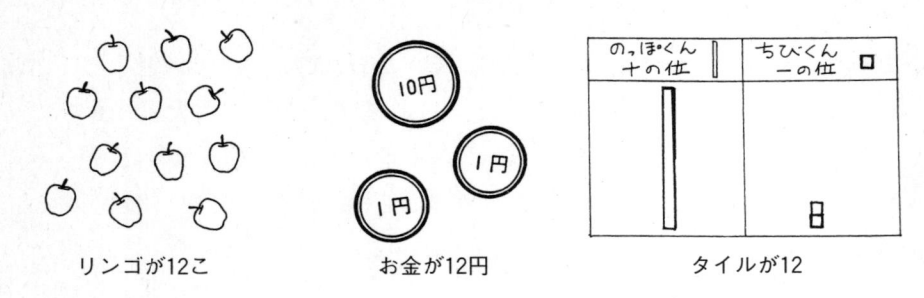

リンゴが12こ　　　お金が12円　　　タイルが12

　安井さんのお孫さんやたし算を学び始めた多くの子どもたちは、指を使ってこたえを見つけようとします。しかしそれも、こたえが10までの数であれば両手の指でたりますが、〈9＋3〉のようなくり上がりの問題となると勝手が違ってきます。数学者遠山啓先生（9ページを参照）を中心に考案された水道方式では、タイルという教具を使います。四角いタイルは、数を量としてとらえやすくし、計算の仕組みや位取りを目で見て、手で操作しながら構造的に理解できるという特徴があります。

　5くらいまでの小さな数であれば、リンゴのような具体物を思い浮かべて計算することもできますが、10以上の大きな数になったときにはそうはいきません。こんなとき、タイルは実力を発揮します。

　たとえば、「12」をバラバラのまま頭に浮かべることはたいへんですが、10のまとまりと残りと考えれば簡単です。タイルでは、「10タイル」1本と「1タイル」2こで「12」表すことができます。

　お金でも10円玉と1円玉で表すことできますが、硬貨は100円も10円も1円も大きさがほとんど変わらないため、量と見た目が対応しません。その点、タイルだと視覚的に量が把握しやすいのです。そのため、初めて数を学ぶ子どもたちにとっては、より数の構造や計算の仕組みを理解しやすくなります。

　安井さんのお孫さんも、タイルを使って練習をすれば、指を借りなくて

## 水道方式とは……

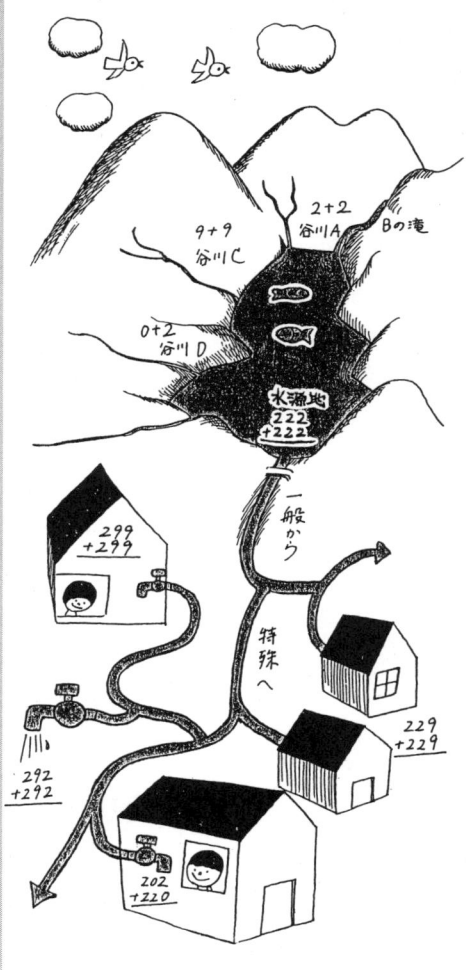

(図中の文字)
2+2 谷川A
Bの滝
9+9 谷川C
0+2 谷川D
水源地 222+222
一般から
特殊へ
299+299
292+292
229+229
202+220

　子どもたちの家へ、計算練習の水道をひく計画があります。

❶まず、いちばん基本になる計算問題の水源地には、どんな谷川の水や、滝の水が流れこんでくるかをしらべます。計算を、簡単な素過程に分解するのです。

❷Aの谷川、Bの滝（素過程）から、いちばん基本になる、いちばん一般的な計算問題（水源地）の水を集めます。このことを「複合過程」といいます。そして練習をします。

❸水源地の計算問題が終わったら、次には、そこから水道管をひいて、くり上がりがあったり、0があったりする特別なタイプの計算問題へと水を流していきます。

❹こうしてぜんぶの子どもたちの家庭へ、ありとあらゆる計算問題の水がきちんと分類されて流れていくわけです。

もきっとこたえが出せるようになると思います。身近にタイルがない方も、ダンボールなどで簡単につくれるので、タイルを使ってたし算に挑戦してください。

### ◆ 10にまとめてお引っ越し　～くり上がりの原理～

　次は、いよいよくり上がりの仕組みを考えてみましょう。私は、ホワイトボードに〈9＋3〉と書きました。暗算が得意な佐々木さんが、「こたえは12だけど、改めて考えたことってあんまりないわね」と笑いました。和田さんは、「9と1をたして10になって、あと残りが2って考えるかな」と、私が用意していたこたえの通りに言ってくれました。

　では、タイルを使って考えてみましょう。まず、9こ分のタイル（5このまとまりタイルと1タイル4こ）と1タイルを3こ用意します。そして、3このなかの1こを9にあげます。そうすると、9と1で10ができます。10のまとまりができたので10タイルに変身して、十の位に移動します。十の位は10タイルが1本、一の位は1タイルが2こで、和田さんが言った通りこたえは12になります。このような10のつくり方を「10の補数法」とい

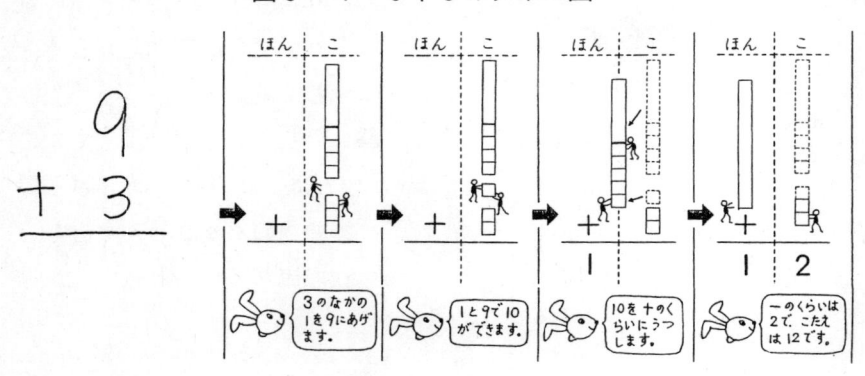

図3－4　9＋3のタイル図

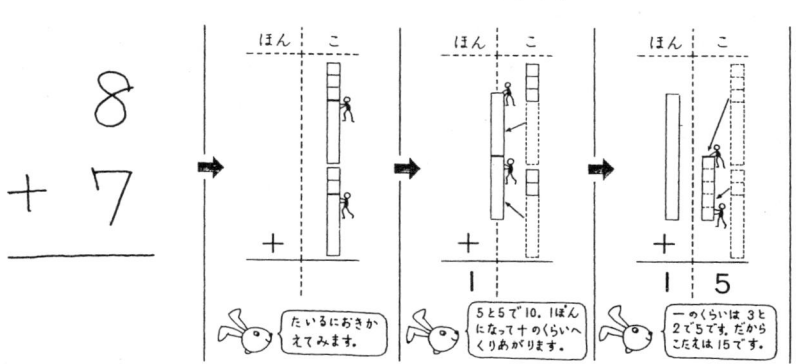

図3−5　8＋7のタイル図

い、8と2、7と3、6と4のように、10の補数を組み合わせて十の位にくり上げる方法のことをいいます。

　次は、別のやり方を考えてみましょう。〈8＋7〉では、8こ分のタイル（5このまとまりタイルと1タイル3こ）と7こ分のタイル（5このまとまりタイルと1タイル2こ）を用意します。今度は10をつくるとき、5タイルを2つ使います。つまり、「5と5で10」です。この5タイルを2つ使うやり方は、すべてのくり上がりのたし算において使えるわけではありませんが、子どもたちは「5と5で10」のリズムと語呂が大好きです。10タイルに変身して、1本になって十の位へくり上がります。そして、一の位は3こと2こで5こなり、こたえは「15」になります。

　説明のあと、「へー」という声があがりました。タイルを使うことで、いままで気にしていなかった方法にみなさん気づいたようです。これは「5・2進法」とよばれています。

## ◆　タイルと筆算は算数初心者の強い味方

「先生、うちの孫の宿題を見たんですけど、みんな横書きの問題ばかりで、

先生の書いたような縦書きにはなってなかったですよ」という質問が、小学1年生のお孫さんがいる安井さんから出ました。

「1タイルが10こまとまったら隣の位にお引っ越し」と、ばらばらの1タイルが10タイル1本に変身する様子や、一の位から十の位への移動を確認しながら教えるためには縦書きの筆算を使ったほうがわかりやすいと思うのですが、残念ながら1年生の教科書には筆算は登場せず、横書きの式だけです。

　横書きのままで抵抗なくこたえが出せる子どももいますが、位取りの原理や計算の仕組みをわかりやすく説明できて、理解しやすいのはやはり縦書きの筆算です。「算数ってなんだろう」と興味津々で入学してきた子どもたちを「算数嫌い」にしてしまうのは、暗算主義の横書き計算をやみくもにやらせ、たし算やひき算ってよくわからない、またはできないと思わせてしまうせいかもしれません。もちろん、それをすすめる周りの先生や大人の責任ともいえるでしょう。流行の「百マス計算」も、暗算が得意な子どもにとってはゲーム感覚で楽しくできるでしょうが、たし算の意味がわからないままに100問もやらなければならないことを考えると、とてもつらい作業だと思います。

　これに比べて筆算の計算は、位取りの原理を意識することで、上下の同じ位どうしの数字をたしたり、ひいたりすればよいことがすぐにわかります。また、タイルを並行して使えば鬼に金棒です。桁数がふえても、「10のまとまりができたら隣の位にお引っ越し」に気がつければ、簡単なサポートで計算をすすめることができます。何より、2年生で学ぶ〈2桁＋2桁〉の計算には筆算が教科書にのっています。1年生から筆算で学ぶことで、位取りの原理や計算の仕組みがわかりやすくなり、算数の好きな子どもがいまより増えるかもしれません。

## ◆ 大きな位のたし算

　いま小学校では、1年生では1桁どうし、2年で2桁どうし、3年で3桁どうしのたし算とひき算を学びます。1年生のときに1桁のくり上がりが理解できていれば、2桁、3桁の計算へもスムーズに移行できるでしょう。でも、子どもが初めて2桁の計算を練習する際には、最初にタイルを使って計算の仕組みを確認するようにしましょう。

　たとえば〈36＋29〉の場合、まずタイルで一の位の〈6＋9〉を考えます。5と5で10になって10タイル1本に変身し、十の位にお引っ越しです。一の位に残った1と4をあわせて5になります。今度は十の位の〈3＋2〉ですから、3本と2本で5本、それとくり上がりの1本とあわせて6本になります。

　次に、タイルを使ってくり上がった1本を意識させながら、ノートに書いた筆算での練習に入ります。筆算では、こたえを書く欄の一の位と十の位の間にくり上がりの1をメモしておくと、たし忘れず計算できると思います。ただし、そのメモはそこに必ず書かなくてはいけないものでもありません。

　計算が速く、暗算が得意な佐々木さんは、「逆に、（くり上がった数を）書くほうがこんがらがっちゃうわ」と言っていました。すぐにこたえがわかる人はメモの必要はないですね。でも、私は暗算が苦手なので、桁数の多いたし算はすぐに筆算にしてメモを書いてしまいます。いろいろな人がいるのだから、その子にとってわかりやすく、正しいこたえを導くためのやり方をゆっくりと探ってもらえたらと思います。

　また、ます目のあるノートを使うと位をそろえるのが簡単です。原稿用紙なら、行間にくり上がった数をメモすることができます。ちょっとした工夫で、計算が楽しく、わかりやすくなるはずです。

　エルダリーコースでは、みなさんに「3桁＋3桁」のくり上がりの計算

図3-6　原稿用紙を使った多位数のたし算

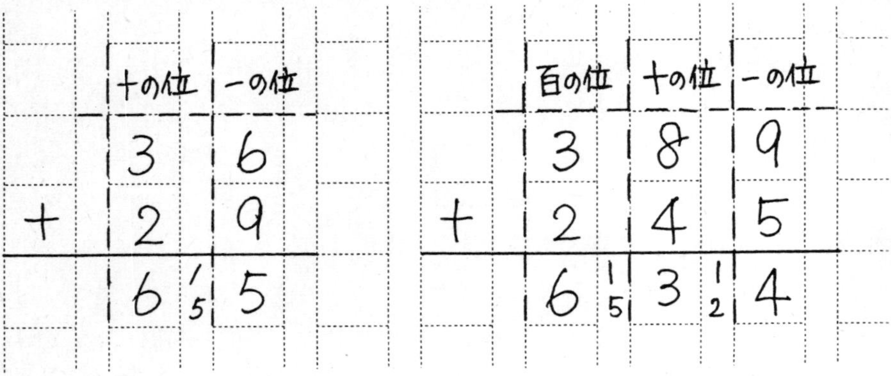

をやってもらいました。〈389＋245〉では、まず一の位の〈9＋5〉を計算すると、5と5で10のまとまりができて10タイルが1本になるので、十の位にくり上がりの1をメモしておきます。一の位は4になります。次に十の位の〈8＋4〉を考えます。10タイルが8本と4本あります。8本と2本で10本になり、100タイル1枚に変身です。百の位にくり上がりの1をメモします。あと2本残るので十の位にそのまま書きたいところですが、先ほどのくり上がりを忘れてはいけません。その1の下に2を書きこみます。これで、十の位のこたえは1本と2本で3になります。最後に、百の位も同じように計算をします。百タイル3枚と2枚で5枚、この5をくり上がりの1の下に書きこみます。1枚と5枚で6。こたえは「634」になります。

　初めてくり上がりを学ぶ子どもには、メモ方式を利用することで、くり上がった分のたし忘れを防ぐことができます。もう1つメモすることのメリットとしては、問題を解いていくプロセスを見ていなくても計算し終わったものを見れば、どこでまちがったのかを本人と一緒に確認できるということがあります。

# ガウス CARL FREIDRICH GAUSS（1777～1855）

「1から100までの数をたすといくつになりますか？」

　この問題は、ガウスが10歳のとき、ガウスを受けもっていた先生が、しばらく息つぎをしたいと思って出した問題です。ほかの子どもたちが汗を流して、$1+2=3$、$3+3=6$、……と計算しているのに、数秒後にガウスは「できました」と言って涼しい顔をして座っていました。ガウスのこたえは「5050」でした。

遠山啓・矢野健太郎編『100人の数学者』（日本評論社、1971年）より

　ガウスは、次のように計算の理由を説明しました。

```
   1 + 2 +……+ 99 +100
+) 100+ 99 +……+  2 + 1
  ─────────────────────
  101+101+……101+101
```

　　101が100だけあるから　　$101×100＝10100$

　　それを2でわると　　　　$10100÷2 ＝5050$　　　答　5050

　すっかり驚いてしまった先生は、自分には教えるものが何もないと考えて、算数の本をたくさんガウスに与えて1人で勉強することをすすめました。

　ガウスのおとうさんは「何でも屋」で、とくに石切り職人、運河労働者、庭師などをやりました。毎土曜日、職人に1週間分の給料を払うのを見ていた3歳のガウスが、「パパ、計算が違うよ」と言って指摘したという話も有名です。

### ◆ 数"楽"家になるために

　毎回、授業が終わったあと、わずかな時間ですが、参加された方とお話をする機会をもつようにしました。ほとんど毎週、休まず教室に足を運んでくれた矢島さんは、学齢期に、十分な学ぶ機会をもてなかったという方です。
　算数だけでなく、カタカナことばなど、いろんなことがわからなくて家にいるときはいつも辞書を近くに置いていること、仕事をしているから時間がないけれど、10分くらいの時間が空いたらエルダリーコースで使ったプリントを見ながら復習をしていることなどを、笑いながら話してくれました。
　最近は、『博士の愛した数式』（小川洋子著・新潮社、2003年）を読んでいるそうです。「完全数」や「素数」などの数学用語が登場人物の会話のなかに盛り込まれた物語ですが、「この前なんて、『素数』を『素敵』って読んじゃったし、意味がわからないところもあるけど、数に対して体温を感じるのよね。会に参加していなければ、きっとこの本も読まなかったと思うし、世界が広がったよう」と話してくれました。

　私たちがエルダリーコースでやってきたことは、数学を専門に勉強されている方が聞いたら、説明不足というところばかりと思います。そんな拙い話をきっかけに、疑問をもったり、問題が解けた喜びを感じてくれたり、いままで手にとったことのない本を読んでくれたことを聞いて、とてもうれしかったです。矢島さんは、こうも言ってくれました。
　「若い先生方が、自分の調べたことを発表しているのが魅力的だった。先生たちの発見の喜びが伝わってきたから……」

　自分の両親以上に歳の離れた方が「生徒」であり、若輩者の私たちが

「先生」というのが一応の立場ではありましたが、私をはじめとして授業を担当した講師たちは、きっと、一方的な「教える－教えられる」という関係が成立したとはいちども思わなかったでしょう。昔、使われていた教科書のことや、上の珠(たま)が2つあるソロバン、尺という単位の由来を教わったり、私たちがことばに詰まったときは見守り、励ましていただき、こちらが考えもしなかった疑問を投げかけられながら私たちは次回に向けての新しい話題を探し、それを発見する楽しさと伝える喜びを感じることができました。きっと、ゆっくりと楽しみながら学ばせてもらったのは私たちなのでしょう。

　試験や成績という結果に追われる勉強とはちょっと違った時間と空間を、エルダリーコースでは過ごせたように思います。学びの楽しさは、自らが疑問をもつことで始まる、ということに改めて気づきました。

　知らないこと、わからないことがたくさんあります。数式を覚えるだけの詰め込み式の「勉強」ではなく、自分から学び、解けて、わかることを楽しむ「数"楽"」を感じるために、さまざまなことに疑問をもって、実際に手を動かしてみてください。きっと、何かが見つかります。

No. 4

# ひき算の不思議

## 瀬川さんのためいき

### 指がたりないときのために……

林　由紀

## ◆ 瀬川さんの一言から

「〈12−3〉ってどうやって教えますか？」

　お孫さんと勉強する機会も多いという参加者のみなさんに、このような質問をしてみました。子どもにとってはなかなかむずかしいくり下がり、さてどうやって教えたらよいのでしょう。

「うーん。指を貸してあげますね。孫が、自分の指10本じゃたりないから私の指を貸せっていうんです。足の指も使って、2人で40までは計算できるんだけど……。どうしたらいいんですかね？」

　大人は、みんな自分なりの計算の仕方をもっていて、「あなたは、どうやって〈12−3〉を計算しますか？」と聞かれても、「どうやってって言われてもなぁー」という方がほとんどのはずです。〈12−3〉の計算はできても、「どうやって」計算しているのかとなると、日常的にとくに意識をしているわけではないのでこたえようがありません。

「12から3をとるんだよ……。では、だめだしなー」

　瀬川さんも思わずためいきです。しかし、一方で、瀬川さんのためいきは私たち塾の講師をハッとさせるものでした。

　塾で講師をしていると、どうしても「くり下がりの計算はこうやってやるんだよ」と、最初から教えこんでしまうことが多いのです。瀬川さんは〈12−3〉をどうしたらよいのか、お孫さんの声を聞き、一緒に計算の仕方を考え、指を使うという方法を用いました。「ともに学びあう」とは、こういう姿のことをいうのかもしれないと教えられた瞬間でした。

　子どもと一緒に勉強していると、みんながいろいろな方法で計算しているのがわかります。私が普段塾で一緒に勉強している子どものなかに、くり下がりの計算を次のような方法でやっている子どもがいます。〈12−3〉を「3にいくつたしたら12になるか」と考えるのです。やり方はこうです。4から順番に5、6……と12まで指を折っていきます。そして、12

で折った指を数えてみると「9」になるというわけです。

　実はこの方法、日本ではあまり馴染みがありませんが、外国ではよく使われているやり方なのです。旅行が好きで、旅先で買物をしたことがある人なら目にしたことがあるのではないでしょうか。たとえば、7ドルの本を買うときに10ドル札を出します。日本人はここで〈10－7＝3〉で、おつりは3ドルだと計算するのですが、アメリカでは7ドルの本の上に8、9、10と1ドル札を置いていきます。すると、合計3ドルのお札が置かれ、それがおつりとして渡されるのです。つまり、ひき算は使わずに〈7＋□＝10〉とたし算で考えているのです。

「何だかかえってややこしい気がするなぁ。ひき算で考えたほうが簡単じゃないですか？　でも、そう思うのは私が日本人だからなんですかね。人それぞれ、国それぞれで、いろんなやり方があるんですね」と、少し驚いた瀬川さんの言う通り、「ひき算は、この方法が正しい！」というのはないのです。

## ◆ ひいてたすから「減加法」

「指で一緒にやるのもいいですけど、それだと2人の手足を全部あわせても40までしか計算できないし、どうしたらいいんですか？」

　確かに、指で計算するのには限界があります。では、どのように計算したら発展性があるかを考えてみましょう。

　問題は〈12－3〉です。まずは12のタイルを用意します。十の位に10タイルが1本と、一の位に1タイルが2こです。そして、一の位から3こをとりましょう。あれ、とれませんね。そこで、隣の十の位から10タイルを1本（10こ）もらってきましょう。もらってきた1本の10タイルは、一の位にくると10このバラバラのタイルに変身するので、そこから3こをとります。そうすると、残りが7こです。その7こと、もともと一の位にあっ

図4-1

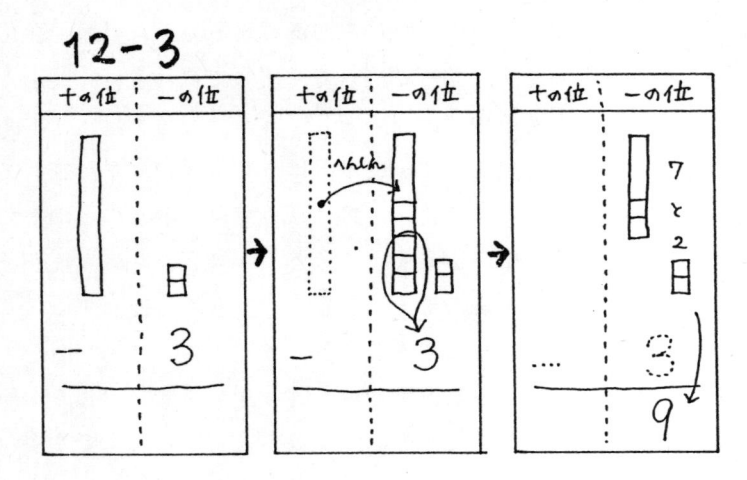

た2こをあわせます。これでこたえは9こになります。これは、もらってきた10こからひいて、残りをたすので「減加法」といいます。
「なるほど。そうやって説明されると、そんなやり方でやってる気もするな」と、みなさん頷いてくれました。頷かれたのを確認して、私が一緒に勉強しているある子どもから発せられたおもしろい質問を紹介しました。それは、「ひき算なのに何でたすの？」という質問です。ひき算をやっているのに「はい、もらってきた10こから3こをひいて、もともとあった2ことたすでしょう」と私が言うので、「あれ？　ひき算なのにたせって言ってる」と不思議に思ったようです。
　言われてみると、まったくもってその通りです。ひき算なのにたし算もやらないといけないなんて……。これは〈12－3〉のこたえを出すまでの手順の1つでしかないのですが、くり下がりを苦手だと思う理由はどうやらこのあたりにあるのかもしれません。
「子どもと勉強してると何でこんなことがわからないんだろうって思うことがあるけど、そういうささいなことも子どもなりに気にしながら考えて

図4-2

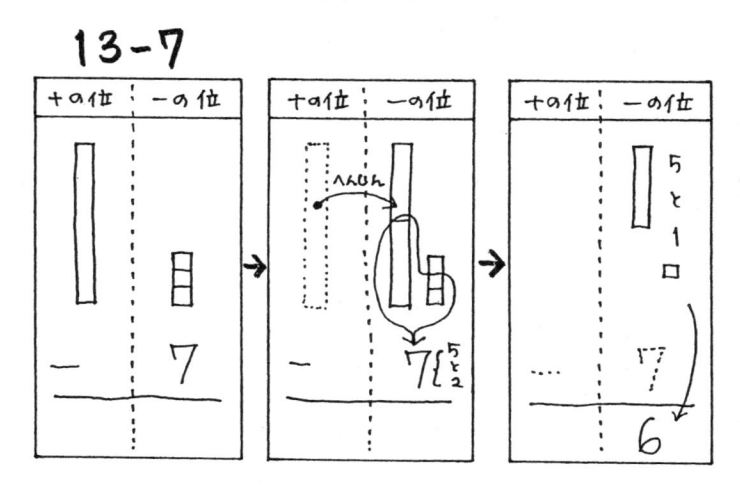

るんだね。大人はあまり気にしないからな……」と話す瀬川さんの表情に、少し無邪気さがうかがえました。

では、〈13-7〉のような問題はどうでしょう。もちろん、「減加法」でもこたえを出すことができます。

「みなさん、どうでしょうか？」という私の問いかけに、「もしかしたら、もらってきた10を5と5にわけるんじゃないですか？　たし算のときに5と5で10をつくるというのをやったような気がするんですけど」と言ったのは、いつも教室にいちばんのりをしてくる安井さんです。では、タイルで考えてみましょう。

3から7はひけないので、十の位から1本（10こ）のタイルをもらってきます。これは先ほどと同じです。しかし、今度は安井さんが言ったように、もらってきた1本（10こ）のタイルを5と5にわけましょう。そして、7を5と2に分解し、10タイルから5、もとあった1タイルから2ことって、残った5のタイルと1のタイル1こをあわせて残りは6となります。これを「5・2進法」といっています（54ページも参照）。

これはたとえば、「8と2で10」のような10を分解する「10の補数」がむずかしい子どもでも、「5と2で7」という数の仕組みがわかってさえいればくり下がりの練習ができるというものです。
「なるほど、『5と5で10』は言いやすいから子どもも覚えやすいのか」
「そうね。でも、このやり方だとさっき減加法でやった〈12－3〉は解けないんじゃない？　3は5より小さいもの」と、佐々木さんに「5・2進法」の弱点を見破られてしまいました。その通りです。「5・2進法」には、いろいろ操作のむずかしいものもあるのです。
「子どもにあったやり方を、大人がいろいろと知っておかないといけないんだな。むずかしいくり下がりも、できることからやれれば子どもも自信がもてるだろうね」
　このように思ってくれるおじいちゃんやおばあちゃんと勉強ができれば、きっと、子どもたちも算数が好きになると思います。
　くり下がりにはもう1つの方法があります。〈12－5〉で考えてみましょう。まず、一の位の2から5はひけません。いままでなら十の位から10タイルをもらってきたのですが、ここではとりあえず、一の位でとれるだけの2こをとってしまいます。あと、ひかなければならないのは3です。ここで、やっと十の位から10タイルをもらってきて、その10タイルから3をひくのです。そうすると、残りは「7」になります。これはひき算を2回するので「減減法」といい、上の式でいうと①になります。
　②の場合はどうかというと、一の位をなんと下から上、つまり5から2をひきます。そして、残りの3を10からひいてこたえは「7」。これもや

①12－5
＝(10 ~~＋2~~)－(3 ~~＋2~~)
＝(10－3)
＝7

② 12
　－ 5
　　 7

① 下から上をひく
　5－2＝3
② 10から3をひく
　10－3＝7

はり「減減法」といいます。
「うーん。このやり方は初めて聞いたな。子どもにこんなむずかしい方法がわかるんですか？　私もいまの説明でやっとわかるという感じがするんですが……」
　この方法は、ひき算を2回やらなければならないので、「ひき算は苦手だ！」と感じている子どもには精神的な負担が大きいかもしれません。
　くり下がりについては、「減加法」、「5・2進法」、「減減法」を紹介してきました。指を使ってくり下がりを練習した瀬川さんのように、くり下がりは必ずこの方法でやらなければならないという規則はありません。やりやすい方法がいちばんです。
「いろいろな方法があるけど、私は『減加法』っていうやり方がいちばんいい気がするわ。だって、これができればどんな問題も解けるでしょう？」と、佐々木さんが言いました。
　そうですね。子どもが1人で練習するということを考えると、教えるときには「減加法」で練習するのがおすすめです。でも、「5・2進法」や「減減法」も一緒に練習すると、子どもは問題によって解き方を使いわけたり、自分がいちばん使いやすい方法を発見してくれるかもしれません。
「そうか。最初から強制的にやらせるより、自分でやり方を見つけたほうが忘れないかもしれないね」と言う瀬川さんのお孫さんも、もしかしたら自分なりのやり方を見つけてくれるかもしれません。

### ◆ 借りたら返す？

　くり下がりの話をしてるときに、瀬川さんから質問がありました。
「先生のことばで気になるのがあるんですけど。先生はさっきから『10もらってくる』って言ってるけど、私は『10を借りてくる』って習った気がするんですよね」

私もそういうふうに教えられ、疑問をもったこともなかったのですが、「借りたら返さなければいけない」と思う子どももいるので、私は「もらってくる」という表現を使って教えるようにしています。ちょっとしたことばの違いですが、どうしてこんなまぎらわしい言い方をするかというと、どうやらこれは英語の「borrowing」の訳からきているようです。「borrow」とは日本語で「借りる」という意味があります。どうして英語で、「借りる」という意味のある「borrowing」をくり下がりに使うようになったのかはわかりませんが、そのまま「借りる」ということばを日本語の算数で使うようになってしまったので、このような誤解しやすい言い方になってしまったように思われます。子どもが「借りたら返さなくちゃいけないよ」と言ってくれなければ、こんなことは気にもしなかったのが正直なところです。

　先日も、塾で一緒に勉強している子どもがおもしろい話をしてくれました。

「先生、わり算のマーク（÷）の点々はね、ひき算のマーク（－）のまわりを流星が飛んでるんだよ」

　なるほど、確かにそう見えてきます。ちなみに、「たし算のマーク（＋）にボールが当たって傾いちゃったのがかけ算のマーク（×）」だそうです。

　こんな子どもの発想から、ひき算の記号「－」はどうしてこんな形をしているのだろうという疑問が浮かびました。これにもいろいろな説があるようですが、「minus」の「m」を急いで書いていたら横棒の「－」という形になったというのが主流のようです。この話をさっそくわり算マークの話をしてくれた子どもにすると、「じゃあ、先生、英語でひき算は『マイナス』っていうの？」と言われました。英語で〈5－3〉のことを「five minus three（ファイブ　マイナス　スリー）」と読みますが、ひき算のことは「subtraction」といいます。「sub」は「下に」、「traction」が「ひっ

ぱる、牽引する」という意味です。1つの発想から次々と疑問を生みだす子どもたちとの勉強は、世代を超えて学ぶところがたくさんあるようです。

## ◆ お金の計算は筆算で

　ここまでの話を聞いて横田さんが、「くり下がりは確かにむずかしいけど、〈12－3〉なんて問題ができるようになれば、あとは位が大きくなってもやることは一緒よね」と言いました。2桁以上の位の大きな数の計算になっても、基本的には1桁の計算と同じで、くり下がりができればやり方はそんなに変わりません。塾に来ている子どもにとっても、くり下がりはやはり大きな難関となっています。しかし、私が一緒に勉強をしている子どもは、「やる気」とできることへの「憧れ」でこれを乗り越えました。
　鈴木君は小学校2年生。1年間にわたってくり下がりをずっと練習してきました。もう少しで「1人でもできそうだ」というときでした。
「先生、僕もっとむずかしい勉強ができるよ」と、鈴木君が胸を張って言いました。学校のクラスのみんなはもっとむずかしい勉強をやっているだけに、「僕も、もっとみんなみたいにできるようになりたいんだ」という鈴木君の必死な思いがこもった一言でした。
「そうか、そうだよね。鈴木君はもう2年生だもんね。よし、もうすぐ3年生だから3年生の勉強をやってみよう」
　そう言って練習したのは3桁のひき算です。大きな100タイルを動かしながら、くり下がりの練習をしました。新しいこと、むずかしいことに挑戦しているという気持ちで、鈴木君は上手にくり下がりができるようになりました。

　くり下がりをマスターする最後の難関は「0」を含む計算です。たとえば、〈403－168〉という問題はどうでしょう。一の位で、3から8をひこ

うと思ったらひけません。そこで、いままでなら隣の十の位から10タイルをもらうのですが、十の位が0でタイルがないのでもらえません。そこで、百の位までいってまずは100タイルを1枚十の位にもらってきます。

　塾ではこのとき、一の位を「子どもの部屋」、十の位を「おとうさんの部屋」、百の位を「おじいさんの部屋」という言い方をして教えています。「おとうさんの部屋にはタイルがないから、おじいさんの部屋からもらってこよう」ということです。おじいさんの部屋からもらってきた100タイルを、おとうさんの部屋で10タイル10本に換えてもらいます。そして、そこから10タイルを1本子どもの部屋にもらってくるのです。そうすると、おとうさんの部屋には9本の10タイルが残るわけです。

　現在の学習指導要領では、ひき算は3桁のひき算までしかやりません。しかし、お金の計算などを考えると、4桁くらいまでの練習をしたほうがいいと思います。

　実は、恥ずかしい話なのですが、私は最近まで0が2つある〈300－129〉のような計算は難なくできたのですが、0が3つ出てくる〈5000－4721〉のような計算はいまひとつよくわかりませんでした。というのも、やり方だけを丸暗記していたために、くり下がりをするとき、図4－3の

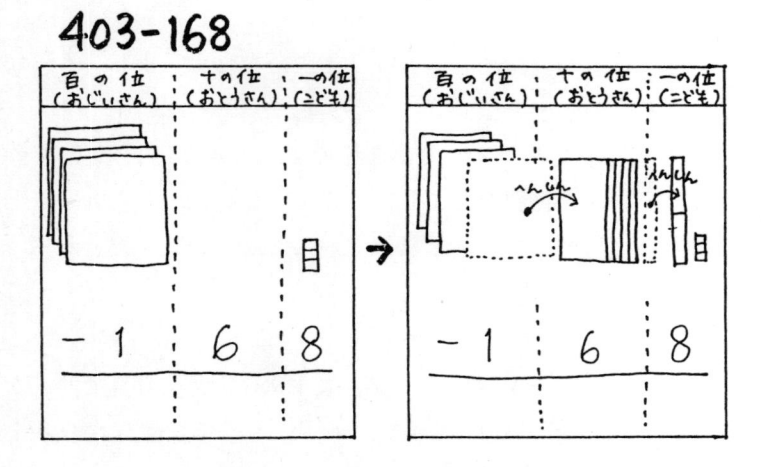

ように1の位の0を10に書き直して10の位の0を9に書き直すと、100の位は8になるのではないかと思っていたのです。これは、十の位が9になる理由がしっかりわかっていなくて、十の位を9にすると暗記していたからです。タイルでしっかり練習すれば、どうして十の位、百の位が9になるかということは一目瞭然となります。

図4－3

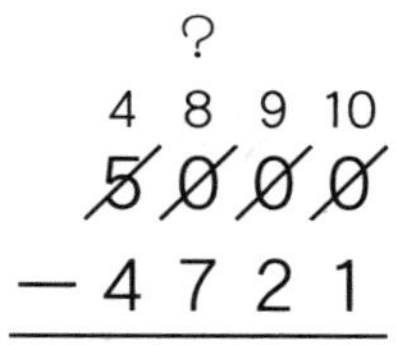

```
      ?
  4 8 9 10
  5̸ 0̸ 0̸ 0̸
 －4 7 2 1
```

　ここで、くり下がりのひき算のおもしろい問題を紹介します。エルダリーコースに参加したみなさんにも挑戦してもらいました。U. R. カプレラーというインドの数学者が考えたので、「カプレラーの秘密」とか「カプレカル操作」ともいわれます。

❶ 0～9の数字から4つを選びます（例：3159、2467、7530など。最初、同じ数字を使わないでください）。
❷ それを大きい順に並べます（例：3159なら9531に）。
❸ 今度は小さい順に並べます（例：3159なら1359に）。
❹ 大きいほうから小さいほうをひきます。
❺ そのこたえを並べ換えて、また❷❸❹と繰り返します。

　では、ためしに「3159」でやってみましょう。
　　① 9531－1359＝8172　　このこたえを並べ換えて
　　② 8721－1278＝7443
　　③ 7443－3447＝3996
　　　　　　⋮

と、続けていくと、最後は必ずある数字になり、そこから先にすすまなくなります。
「へぇー、不思議ですね。先生、これはどんな法則があるんですか？」などと、みなさん興味津々です。さて、3桁ではどうなるでしょうか。

### ◆ ひき算でおなかがいっぱい？！

　ここまでは、ひき算のやり方について考えてきました。たとえば、〈3－1〉という式を見て、「2」というこたえが出せるかということです。算数の勉強でもう1つやっておきたいのがひき算の意味についてです。お孫さんの勉強を見ていた安井さんも、「うちの孫は計算はできるんだけど、文章問題ができないんですよね。算数も大事だけど、国語の勉強もしなきゃいけないのかね」と言っていましたが、これは、単に読解力がないという理由だけではありません。文章の内容がわかっても、その文章が表している事柄がひき算になるとわからなければ、ひき算の式をつくることはできません。では、どんなときにひき算になるのか、次のような問題で考えてみましょう。

【問題】
①アメが5こあります。2こ食べました。残りはいくつでしょう。
②子どもが5人います。リンゴが2こあります。どちらがどれだけ多いでしょう。
③子どもが5人います。そのうち女の子は2人です。男の子は何人でしょう。

　これは、どれも式にすると〈5－2〉になります。しかし、これらがどれもひき算になるということがわかるためには、ひき算とはどういうものかということを知っておかなければなりません。
　まずは①です。お皿にアメが5こあって、そのうちの2こを食べてしまいます。そうすると、お皿の上にはいくつ残っているでしょう。残りは3こですね。これは、オモチャのリンゴなどを動かしながら練習するとわかりやすいでしょう。実際にものを動かすことでひき算というものをイメー

ジするわけですが、実は、これでもひき算をイメージするのはむずかしいのです。子どもと一緒に勉強をしていて、私がちょっと失敗してしまった例を紹介します。

　お皿にリンゴのオモチャを5こ用意します。「ここから、リンゴを2ことってください。残りは？」と聞くと、その子どもは元気に「2こ！」とこたえました。とったほうのリンゴが気になってしまい、「2こ」というこたえになったのです。「残り」というのが何を指すのか、子どもにとってはそう簡単にわかることではないのです。

　しかし、ここで失敗だったのは、私が「とる」ということばを使ったことです。「残り」ということばをイメージするために、ここでは「食べる」ということばを使ってみましょう。実際に食べられるものを用意して食べてしまうのもいいかもしれません。お皿にリンゴを5こ用意して、「では、2こ食べましょう。残りは？」と聞きます。そうすると、子どもはむしゃむしゃと食べる真似をしてくれます。食べるとリンゴはなくなりますね。そうすると、残りはお皿の上の3こだとわかるのです。

　①の問題は、残りを求める計算で、ひき算の基本になる考え方でもあり「求残」といいます。

「なるほどね。食べちゃってなくなっちゃえば、目に見えたものが残りだってわかるわけね。好きなものが食べられるんだったら、子どもも算数の勉強が楽しくなるかしら？」と言った横田さんのことばに、「食べすぎて虫歯にならないようにしないといけないね」と、瀬川さんが忠告してくれました。楽しみながら学べる状況を、みなさんが考えてくれたようです。

　ひき算は、「残り」を求めるときにだけ使う計算ではありません。②の問題を考えてみましょう。これは、「子ども」と「リンゴ」という、まったく違う種類のものを比較して差を求める計算です。子どもにリンゴを1こずつ渡していき、「一対一対応」をつけます。そして、子ども全体から対応のついた子どもをひいていきます。これは、残りではなく差を求める

計算なので「求差」といいます。同じひき算を使うにしても、イメージする具体的な場面は①の問題の場合とは違います。ここが、子どもにとってはつまずきやすいところなのです。

　最後に③の問題です。これは、2といくつで5になるかと考えるので「求補」といいます。求補はよく、**図4-4**のようなテープ図を使って考えます。

「うーん。『求残』、『求差』っていうのは何となくわかるんだけど、この『求補』っていうのはいまひとつわからないわねー」と、佐々木さんのつぶやきが聞こえてきました。

図4-4　テープ図

| 子ども　5人 ||
|:---:|:---:|
| 女の子　2人 | 男の子　?人 |

　求補は、ひき算のなかでもむずかしい問題です。大人は子どものなかに女の子や男の子が含まれることがわかりますが、このような上位概念を子どもにイメージさせるのは意外とむずかしいのです。男の子、女の子だけでなく、たとえば八百屋さんに行ったときなどに、キュウリもトマトも野菜のなかの1つだということを日常生活のなかで意識させるようにするとよいでしょう。

「勉強って、何も机の上だけでやることだけじゃないのよね」と言っていた佐々木さん、まったくその通りです。

　ここまで3通りのひき算の意味を紹介しましたが、これらはすべて何かものを使ってイメージする練習が大切となります。子どもの好きなものを使って練習することで、楽しく勉強できる環境がつくられれば最高だと思います。

### ◆ ひき算はどこで学んだか

「計算のやり方も意味もわかったけど、私たち、こんなやり方で習ったか

しら？　もう、何十年も前のことだから忘れちゃったけど」
「そうそう。やっぱり、昔といまとじゃ子どもたちの勉強も違うんじゃないかって思うのよね。だから、いまの勉強ってどんなのだろうって思って参加してみたんだけど……」という声も聞こえてきました。

　算数の授業が、いつごろからどこで始まったのかを、みなさんの質問から少し考えてみました。

　現在の日本では、学習指導要領のもと、どの地域でも同じ内容で学べるように全国で画一的な教育を行うことをめざしています。しかし、このような教育体制が確立されたのは最近のことです。江戸時代の学びの場である「寺子屋」では、もちろん全国共通の教え方をしていたわけではありません。それぞれの寺子屋で、独自の授業が行われていたのです。その寺子屋で子どもたちが勉強していたのは、「手習い、ソロバン」といって、いまでいう国語と算数がその主流となっていました。

　それでは、いまでいう算数はソロバンだけだったのかといいますと、どうやらそれだけではなかったようです。『塵劫記』（19ページ、93ページを参照）という本を使って、数の名前や「九九」などを勉強していました。ところが、この『塵劫記』にはひき算は登場しないのです。当時、たし算、ひき算は身近な人が教えるもので、教科書を使ってやるものではないと考えられていたようです。しかし、ひき算を「ひき算九九」として、声に出して覚えていたこともあるようです。そのひき算九九を少し紹介しますと、表4－1のようになっています。

表4－1　ひき算九九

| | |
|---|---|
| 一引て九のこる | （10から1をひくと9残る） |
| 二引て八のこる | （10から2をひくと8残る） |
| 三引て七のこる | （10から3をひくと7残る） |

表を見てわかるように、すべて「10の補数」になっているのです。これは暗算をするには適していたようですが、たし算、ひき算、かけ算、わり算のすべてを九九で覚えなければならなかったとしたらどうなるでしょう。かけ算九九を覚えるだけでも子どもにとってはかなりの負担になっている現状を考えると、ますます算数嫌い、計算嫌いを増やすことになるかもしれません。

「私たちのころも暗算とかよくやらされてたわね。でも、暗記するだけじゃなくて、『何でだろう？』ってもっと考える時間があれば、私ももっと算数を好きになってたかもね」と言う横田さんは、いま、エルダリーコースに参加されてたくさんの質問や疑問を投げかけてくれます。かつて「何でだろう？」って思ったことを、改めて考えているのかもしれません。子どもが算数を勉強するときも、暗算でこたえを出すだけでなく、「なんでだろう？」と立ち止まる時間も必要なのではないでしょうか。

◇ **正負の数**

瀬川さんのくり下がりについての一言から整数のひき算について考えてきましたが、もう１つ、ひき算がたし算に変身する正負のひき算まで考えてみましょう。それにはまず、正負の数とは何なのかということを理解することが大切です。

「正負の数っていうけど、具体的に教える場合にはどんな例があるんですか？」という質問が、エルダリーコースでもありました。これは、なかなかむずかしい質問です。なぜなら、正の数（＋）はリンゴが１こなど、実際に目で確認して数えることができますが、負の数（－）は実際の数としてはイメージがしにくいからです。

では、どのように考えるか。それは、「プラスはマイナスの反意語であ

る」と理解することが必要です。そこで、佐々木さんからの質問です。
「どうして『プラス・マイナス』のことを『正負の数』っていうのかしら？　これも『borrowing』みたいに英語の訳なのかしら？　それにしても不思議だわ」

　実は、私もこんな質問をされるまで考えたこともありませんでした。「正負」とは漢字だけを見るとあまり反意語のイメージはありません。そこで調べてみると、「正」は足が正面を向いている姿のことだそうです。それに対して「負」は背負うで、正面に対して後ろを示しています。ちゃんと反対の意味になっているわけです。

　では、正負の数を考えるときにどういった反意語を使えばいいのでしょうか。「うーん、右、左。前、後ろとか」など、いろいろな意見が出ました。たとえば、「＋」を「東」にたとえるのなら、当然「－」はその反対である「西」になります。また、時間で「＋」を「未来」とすれば、「－」は「過去」になるのです。東西で考えれば、「＋３」は「東に３」で、「－３」は「西に３」となります。

　「＋」と「－」は、小学校の６年間で「たす」、「ひく」と読むように教わってきました。そのため、「－３」も最初は「ひくさん」と読んでしまう子どももいます。しかし、ここで使っている「－」という記号はひき算で使っているものとは違うのです。「プラス、マイナス」というのは、「大きい、小さい」のように、そのものがどんな状態であるか、つまり形容詞の役割をしているのです。

　「東に、西に」という反対の意味で正負の数を表すといいましたが、これは「東に３」と「西に３」というように、３がどういう状態にあるのかということがいいたいわけです。それに対して「ひく」というのは、ことば通り動詞の役割となります。

　正負のひき算をするときに確認しておきたいのが「０」です。いままで「０」は、「あるべきところに何もない数」を表すのに使ってきました。こ

図4-5　JR中央線

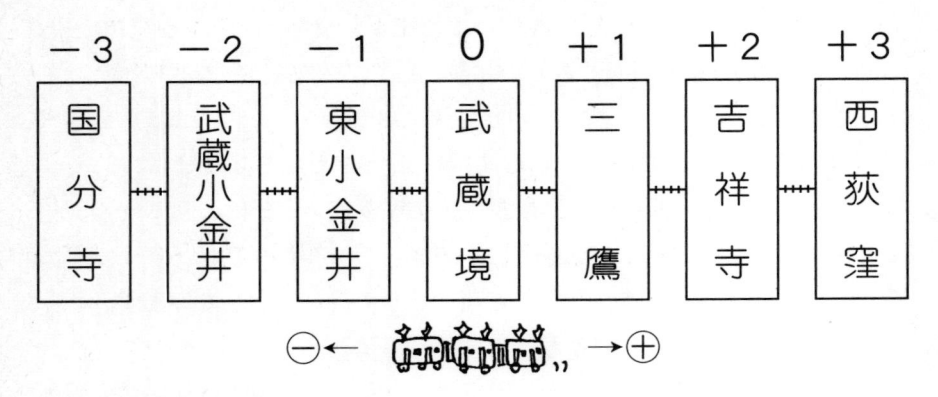

| −3 | −2 | −1 | 0 | +1 | +2 | +3 |
|---|---|---|---|---|---|---|
| 国分寺 | 武蔵小金井 | 東小金井 | 武蔵境 | 三鷹 | 吉祥寺 | 西荻窪 |

⊖← 🚃🚃🚃 →⊕

こでは、新しく「基準としての0」の役割を見てみましょう。先ほど正負の数が反対の意味で使われると話しましたが、それには必ず基準が必要となります。というのも、基準点から見て東なのか西なのかという約束事を決めるからです。

　私たちの塾は東京の武蔵野市、JR中央線の「武蔵境」という駅の前にあります。そこで、電車の路線図を使って武蔵境駅を基準に上り方向に隣の三鷹駅を「＋1」地点、下り方向に隣の東小金井駅を「−1」地点として、基準の0、プラス、マイナスを意識できるようにします。基準の0があるからこそ、反意語として正負の数を考えることができるのです。

### ◆ 変身するひき算

「ところで、みなさんは正負のひき算はどうやって覚えましたか？」
「『正負のひき算では、ひくをたすに直して計算しましょう』って習ったかな。でも、何でたし算に直すかなんて考えなかったな」と、みなさん昔を思い出しながらこたえてくれました。
　確かに、やり方としては「ひくをたすに直す」ことによってこたえを出

すことができます。しかし、暗記をして機械的に計算するだけでは、その場しのぎのためにすぐに忘れてしまうかもしれません。私も、かけ算、わり算まで習うと、「あれ、符号はどうするんだったけ」と、正負の計算には苦しめられた思い出があります。こんなことをいうと、暗記することが悪いといっているように聞こえますが、決してそうではありません。もっとおもしろく学ぶ方法を考えようということです。

　そこで活躍するのがトランプです。まず、ハートとダイヤの赤色のトランプを「マイナス」、クローバーとスペードの黒色のトランプを「プラス」というように決めます。すると、たとえば「ハートの3」は「-3」、「スペードの3」は「+3」となります。「0」は、ジョーカーや無地のカードを使います。正負のひき算をするときにはもう1つの約束事として、「+3」と「-3」はお互いに打ち消しあって「0」になることを確認しておきましょう。つまり、手元に赤の3と黒の3を持っているときは

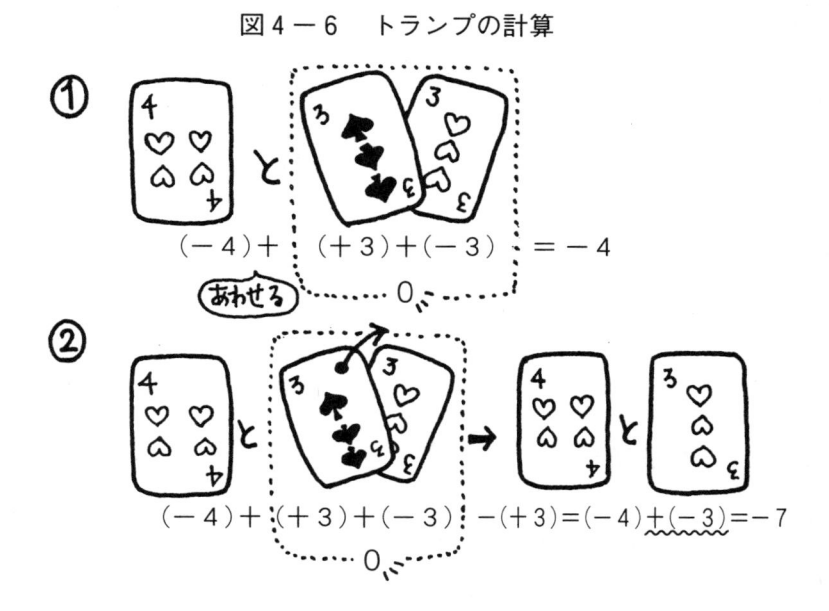

図4-6　トランプの計算

「0」になるわけです。では、トランプを使って〈(-4)-(+3)〉のひき算をしてみます。

　まず、手には「-4」のカードを持っておきます。ひき算ですから、ここから「+3」のカードをとりたいところですが、手には「-4」のカードしかないのでとることができません。ここで、ひと工夫しましょう。「-4」のカードのほかにとるカード「+3」、その「+3」を打ち消して「0」にする「-3」のカードを用意するのです。これで手元には「-4」、「+3」、「-3」という3枚のカードを持つことになりますが、合計すると「-4」になっています。ここから「+3」のカードをとります。そうすると、手には「-4」と「-3」が残るので、こたえは「-7」になります。

　トランプの動きを式にすると下の式となります。注意して見ると、何と中学数学からはひき算がたし算になるのですが、最初に正負のひき算を練習するときは、トランプを使って「とる」という動作があったほうがわかりやすいと思います。

　タイルを使ったり、トランプを使うと、楽しく勉強できるだけでなく、子どもが1人で計算する手助けともなります。

$$(-4)-(+3)$$
$$=\{(-4)+(\cancel{+3})+(-3)\}-(\cancel{+3})$$
$$=(-4)+(-3)$$
$$=-7$$

### ◆ ひき算は嫌われもの？

「やっぱり、ひき算ってたし算よりむずかしい気がするのよね」という佐々木さん。確かに、「ひき算をやろう」と言うと顔をしかめる子どもも

少なくありません。そして、これは子どもだけではないようです。多位数のひき算が苦手だった私をはじめ、ひき算はどうやら「嫌われもの」のようです。

　そうそう、「正負のひき算は、なぜわざわざたし算に直して計算するのか?」という問いのこたえはまだ出していませんでした。トランプを使って計算しても、最後はたし算に直すわけです。この方法を考えた数学者もひき算を嫌いだったのでは、と思わなくもないですが、これはどうやら数学の性質にあるようです。それは「できるだけ簡便に」です。

　小学校までの算数では、「四則計算」といって、たし算、ひき算、かけ算、わり算を勉強します。しかし、数学になると、計算を簡便に行うために四則計算を「二則計算」で行うようになるのです。ひき算はたし算で、わり算はかけ算を使って計算するようになるので、数学ではたし算とかけ算だけになります。子どもにとってはつまずきやすく、大人にとっても不思議な点です。でも、だからこそ、大人になってから学ぶのには絶好のテーマでもあるかもしれません。

「確かに、子どものときはわからなかったことも、大人になってから実はこうだったんだって思うことがあるものね。正負のひき算なんかはむずかしいけど、ひき算にもいろんな計算の仕方があったり、意味があったりということを改めて知って結構新鮮だったね」という感想を佐々木さんが言っていました。

　みんなには嫌がられ、数学ではたし算に直されて……ひき算をそんなに嫌わないで、と言いたくなりませんか?

No. 5

# かけ算の不思議

## 稲垣さんのひらめき

〈5×3〉と〈3×5〉とはどう違う

佐藤 愛

1当たり・いくつ分・全部の量

## ◆ かけ算の疑問

「今日のテーマはかけ算です。かけ算といえば九九。九九といえば5の段と2の段が覚えやすい。みなさんの頭のなかに浮かんだかけ算のイメージって、どのようなものですか？」

　先週まではたし算、ひき算の講座で、生活のなかで使う場面も多いこともあって、自分が知っていることのプラスアルファくらいの気楽さで参加してもらっていました。でも、今日、見渡した顔のなかには、眉をひそめる人、目が合ったとたんにパッと自分のプリントに視線を落とす人がいて、まるで学校の先生にあてられそうになるのを必死にかわそうとしている小学生が集まっているようです。そのなかで、稲垣さんが腕組みをしたままおもむろに口を開きました。

「同じ数がたくさんあるときに使う」と言い切った稲垣さんのことばに、「ああ」という表情で、うつむき加減だったみなさんの表情も明るくなりました。

　稲垣さんは、7年ほど前まで、緑が多く、兼業農家が多いことで知られる東京のA市の市役所に勤めていました。退職後は、毎日の生活のリズムを崩さないようにと、市役所にほど近い駅前の自転車置き場で、通勤する人たちが乗ってくる自転車を整理するボランティアをしています。

「窓口ではなくデスクワークが多かったせいか、人前で話すのは苦手」という稲垣さん、あまり口数も多くなく、初めはぶっきらぼうな印象を受けたことも確かです。しかし、熱心に授業を聞いてくれるし、的確な質問もはさんでくれます。「孫に、勉強を教えられるようになりたい」ということで、エルダリーコースに参加されました。

「うん、そうですね。同じ数がたくさんあるとき。じゃあ、毎日の生活のなかで、同じ数がたくさんあるってどんなときでしょう」

「先生、スーパーとかでミカンが5こずつ入った袋を3袋買ったりすると

き、全部で何こ買ったとか、そういうことじゃないかしら？」
　そう発言した安井さんは、自分の家で毎週木曜日、若い奥さんたちのための家庭料理の教室を開いています。そのためか、私たちのような若い講師とも気軽に話をしてくれる、とてもはつらつとしたエネルギッシュな方です。安井さんのように、上品でていねいなことば遣いで、自分よりも人生経験の豊富な方に「先生」と呼ばれるのはちょっと恥ずかしい気もするのですが、それにふさわしくなるように勉強しなさい、という意味がこめられているのだと思うようにしています。
「いいですね、その例。絵に描いてみますね」
　私は、ホワイトボードにアミの袋を3つ、そのなかにミカンを5こずつ入れた図をホワイトボードに描きました。
「これ、全部5、5、5、ですね。5が3つ。むずかしくいうと、『1当たり5こが3つ分』って言います」
　稲垣さんは、老眼鏡を少し下にずらしてそれをちらと見ると、エルダリーコースのために準備してきたノートによくとがったエンピツでキュ、キュと書き写します。私のことばを聞きながら、自分で書いた〈5×3〉を眼鏡の角度を変えながら見づらそうにじっと見つめています。

図5－1　かけ算のイメージ

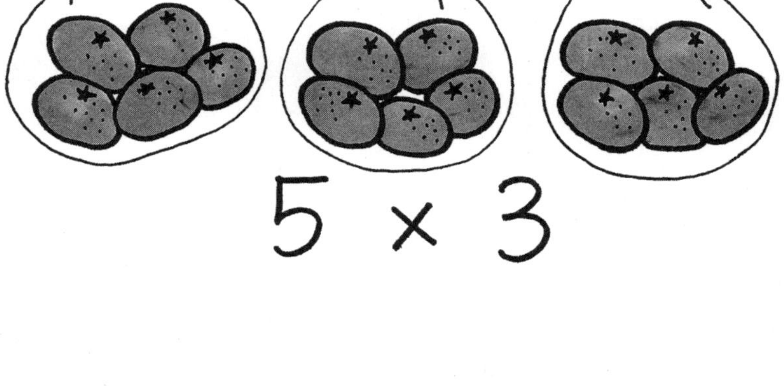

「ええと、ここまでは大丈夫ですか?」と、1人1人の目を見て確認します。頷く人、次の項目にすでに目を通している人、どうやら、いま話した内容がわからない人はいないようです。
「じゃあ、次に……」
「先生……」
「どうしました? いまの説明、わかりづらかったですか、稲垣さん」
「いや、そうじゃなくて、いま『1当たり5こが3つ分』と言ったでしょう。それはわかったんだけど、〈3×5〉って、ひっくり返して書いたら間違いなんですかね」

　稲垣さんの質問に一瞬窮した私。〈5×3〉と書くのが当たり前だと思っていたので、こんな質問が出ることは予想もしていませんでした。ところがすぐに、ほかの参加者から意見が出されました。
「そりゃ、間違いだと思いますよ。だって、そういう決まりなんですよ。うちのソロバン教室の子どもたちも、学校のテストでよく間違ってますよ。反対に書いた子は×をつけられてね。まあ、文章問題なんかになると、子どもたちは目についた数字を適当に組み合わせて式をつくっちゃうんで、意味なんかあんまり考えてないですね。かけ算を習ってるときは『×』の記号を使えばいいやって感じでねぇ」
「どっちだっていい気がするけどなあ。だって、どっちにしろ全部で15こだってわかるわけでしょう」

　どうやら、稲垣さんはまったく納得していない様子です。みなさんの視線が私に集まります。そしてその目は、「さあ、どうなんですか、先生」と言っています。これはかけ算の意味を説明する絶好のチャンスだと思いましたが、今日のテーマは「九九」を中心に考えていたので議論はここまでにして、またあとでこの問題を考えるようにしたいと思います。

## ◆ かけ算九九

「ええと……じゃあ、次は九九がいつごろにできたのかという話をしたいと思います」と、まだ先ほどの疑問が教室内にくすぶっているなか、本来のテーマに移りました。

「みなさん、奈良時代ってわかりますか？『古事記』とか『日本書紀』なんかが編纂されたり、そうですね……あと奈良の大仏ができたりとか、鑑真（688〜763）が日本に来たりした時代です」

「ちょっとピンと来ないねえ。先生、江戸時代とどれくらい違うのかね」

「あ、なるほど、江戸時代はわかりやすいですものね。水戸黄門とか大岡越前なんかの時代劇も、ほとんど江戸時代ですよね。お侍さんがいて、貧しい農民や町人がいて……あれは江戸時代です。江戸時代よりもずっと昔なんですけれども、じゃあ、平安時代（794〜1185）ってわかりますか。横田さん、どうですか？」

「私、最近瀬戸内寂聴さんが書いた現代語訳の『源氏物語』（11世紀の大作。作者は紫式部で、光源氏を主人公とした全54帖の物語）を読んだのですけど、あれは確か平安時代じゃなかったかしら？」

横田さんは、若いころ算数・数学というものがまったくダメだったのですが、「文学少女で、本だけは好きだったわ」という方です。老眼が進んで、夜は暗いためなかなか本を読むのがつらくなってきた現在でも、お昼下がりの読書だけはやめられないそうです。

「私、こないだ、寂聴さんの講話を聴きに岩手まで行ってましたよ。よかったわよ」

「あらぁ、いいわねえ。私、講話のCD持ってるんだけど、本物は聴いたことがないのよ」

「じゃあ、今度一緒に行きましょうよ」

「あのー、お話が盛り上がっているなかを申し訳ないんですが、平安時代

の話に戻っていいですか？」

　横田さんと安井さんが、顔を見合わせてクスッと笑いました。まるで、おしゃべりを注意された子どもみたいです。

「はい、いま横田さんがおっしゃったように、『源氏物語』は平安時代ですね。794年、いまからおよそ1200年前です。江戸時代というのは、1603年に徳川家康（1542〜1616）が征夷大将軍に任命されて江戸に幕府を開いてからですから、いまからおよそ400年前。奈良時代というのは、平安時代の1つ前の時代。奈良に都（平城京）があった時代です。710年から始まります」

「ずいぶん古いなぁ。まさか、その時代に九九があったの？」

「実は、あったんですよ。当時の貴族は、和歌をつくって、それを贈りあったりしていたんです。ラブレターなんかも、きれいな和紙に句を書きつけて、それを季節の花と一緒に贈ったりするわけです。風流ですよね。そのなかで、なんと九九が使われているんです」

「へぇ、ラブレターのなかに九九なんかが入ってたら、100年の恋もいっぺんに冷めそうだけどなあ」と言う田所さんは、「冗談じゃない」という

図5－2　和歌のなかの九九

顔をしています。
「いやいや、そうじゃなくて、たとえばこういう句があるんですよ」
　和歌を集めたもののなかで、日本でいちばん古い『万葉集』に収められている１つの句を、間違わないように慎重に書き出しました。実は、昨日の夜に勉強したばかりなのです……何も見ないで書いたほうがかっこいいかなと思って一生懸命練習をしてきました。その甲斐あってか、みなさんちょっと感心しているようです。
「じゃあ、ちょっと読んでみますね。『わかくさの、にいたまくらを　まきそめて　よをやへだてむ　にくくあらなくに』どういう意味かというと、若草のように初々しくしなやかな妻と、はじめての手枕をかわして、これからどうして一夜でも間をおくことができようか。かわいくてしようがないのに……」
「ああ『くく』のところに〈９×９＝81〉を使ってるわね。こんなのが万葉集に入ってるなんて気づかなかったわ。ことばと数ってまったく反対のものだと思っていたけど、こんなところでつながってるのね」
　文学の好きな横田さんが、算数と国語の接点を初めて見つけて、うれしさを隠せない様子です。一方の稲垣さん、和歌の意味が恥ずかしかったのか、テレたように和歌をノートに書き写しています。
「当時は、教養があることは大切なことだったって例の源氏物語に書いてあったわ。歌のなかに九九を入れることで、教養を誇示したかったのじゃないかしら」
「なるほど。いま、教養が大切という話が横田さんから出たのでついでにお話をすると、当時は貴族しか九九は使えなかったんです。というのも、身分の低い人たちに教養を身につけられると支配しづらくなるからです」
「ひどい話だなあ」という声が聞こえてきました。
「みなさん、せっかくだから一首つくってみませんか。あ、稲垣さん、そんな渋い顔をしないでくださいよ。でも、ちょっと恥ずかしいですよね。

じゃあ、恥ずかしい方は見せたり発表したりしなくても結構ですから、安心して考えてください。じゃあ、いまから紙を配りますので、そこに一首お願いします。和歌っていうとむずかしく感じますね。そうですね……標語みたいなものとか、川柳のようなものでもいいですよ。楽しんで、九九を使ってつくってみてください」
　講座のサポートに入っていた数人の講師が、長方形に切った紙を配りました。「書いてみなさい」と言われると書けないのが文章です。しかも、九九を入れて一首つくれなんて、そんなに簡単にできるわけがありません。みなさん、テストでわからない問題にぶつかった生徒のように、鉛筆を持ったまま紙の前で固まっています。そんななか、田所さんがささっと鉛筆を動かして、どうやら一首できたようです。
「先生、できたんですけど。これ、どうですかね」
　田所さんの隣に座っていた講師がそれをのぞき込んで、「ふふっ」と笑いました。
「田所さん、ぜひ、みなさんに教えてあげてくれませんか」
　みんなの視線が田所さんに集まります。自分に注目が集まったことを確認すると、田所さんは書いた紙をみなさんのほうに向けました。
「えー、ごほん。いきますよ。十八（にく）いけど、忘れられないあの人と歩いた公園いまはなし、なんてねぇ」
「田所さん、何か思い出があるのですか？」
「いやあ、67年も生きていればねえ、色恋の１つや２つ……」
　照れ笑いをしながらも昔のことを思い出したのか、ちょっと嬉しそうです。そして、田所さんの発表を皮切りに場も和み、次々に自分の思い出や生活から考えた和歌が発表されます。
「おでかけは、一声かけて、五十四（ロック）して」
「どこかで聞いたことがあるわよぉ、町内の掲示板みたいだわ」
「今度、うちの町内会で使ってみようかね」

「九(サザン)が歌う TUNAMI は最高！」
「サザンってなんですか？」
「知らないんですか、サザンオールスターズですよ。うちの孫が CD を貸してくれるから、今度持ってきますよ」
「先生、自由につくっていい、誰も採点しないで感想を言い合うっておもしろいねえ。学校の作文もこうだといいんですけどねえ」
　私は田所さんのほうを見て、まったくその通りだと思いながら頷きました。こんな楽しい国語の時間なら、先生が「終わりの時間ですよ」と言っても、きっと子どもたちがやめたがらないでしょう。

## ◆　九九の歴史

　もちろんこのときも、なかなかやめどきをはかるのがたいへんでした。みんながこんなに楽しんでいるときに、「時間だからやめましょう」とはとても言えない雰囲気でした。そんな私の様子を見てとった稲垣さんが、「先生、次の話が聞きたいですね。平安時代のあとは九九はどうなったんですかね」と、質問を挟んでくれました。すると、みなさんがいっせいに私のほうに向き直りました。
「すみません。みんな盛り上がっているのに」
「いいえ、先生のことほったらかしにしてごめんなさいねえ。でも、すごくおもしろかったんですよ」
「それはよかったです。学ぶのが楽しいということはいちばんですよね。私も、もっとみなさんがつくったものをお聞きしたいのはやまやまなんですけど……次の話に移りますね」
　エルダリーコースでは、このようにして未熟な若い講師たちを、参加者のみなさんが助けてくれることがしばしばあります。
「時代はなんと、みなさんが先ほどおっしゃっていた江戸時代に飛びます。

そういえば、どうして『九九』っていうのかみなさんご存じですか」
「〈9×9〉で終わるからじゃない？」
「うん、そうです。でも、〈1×1〉から始まるんだから、『九九』じゃなくて『一一』でもいい気がしませんか。あんまり耳慣れないんで違和感がありますけど」
「でも、『一一』だと〈1×1〉から始まってどこまで続くかわからない感じがしますね。『九九』だと、ああ〈9×9〉まであるんだっていう気がするんじゃないですかね」
「いまの稲垣さんのおっしゃったこと、いいところに目をつけられましたね。昔の権力者たちは、九九がむずかしいものだと思わせたいために、なんと、『九九、八十一、八九、七十二……』というふうに逆から口ずさむようにしたんです」
「逆から？」
「そうです。言いづらそうですよね。でも、そうすることで、一般の人たちにはむずかしいものだという印象を与えていたようです」
「さっき先生が言ってた、庶民の頭がよくなると困るってことね」
「安井さんの言う通りです。だから、昔の九九は〈9×9〉から始まってるんです」
「それで『九九』っていうのね」
「みなさんは、吉田光由という人を知ってますか？」
「江戸時代の数学者か何かじゃないかな。算数の歴史本で読んだことがある気がするよ。読んだ本はなんだったかな、確か1年くらい前だったと思うんだけどなあ」と、田所さんは必死に記憶をたどっています。さすが、ソロバン塾をやっているだけあって、さまざまな面から算数に興味があるのだなあと、その好奇心には感心させられます。
「さすが田所さん。吉田光由は江戸時代の人なんですけど、もともとは京都の豪商である角倉氏の一族だったんです。商人の一族ですから……」

## 吉田光由 (1598〜1672)

「米八百十石あるとき、銀十匁に付四斗三升二合の相場にして、右の米の銀なにほどいふとき、銀十八貫七百五十目と云也

　右に米八百十石とおきて、ひだりにさうば四斗三升二合とおきて、右の米をさうば四斗三升二合にて割れば、十八貫七百五十目として申候。こめと米、さうばで割ればかねになる。かねに掛くれば米となるべし」

　この文は、江戸時代を通して使われた吉田光由の算術書『塵劫記』（1627年）のなかで「米うりかひの事」という章の、いちばん初めに出てくる例題です。

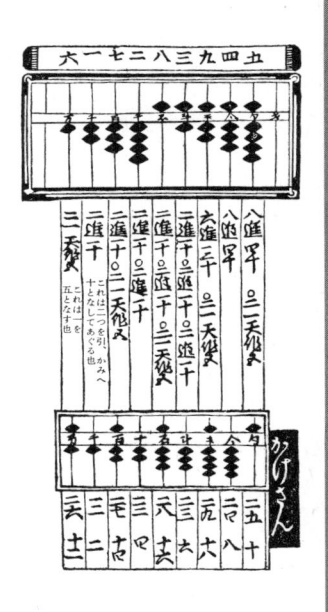

**問題**　お米が810石あります。銀10匁で4斗3升2合が買えるとすると、米810石を全部買うのに、いくらの銀がいりますか。

**答**　銀18貫750目です。

　この『塵劫記』には、当時人々が使っていた生活のなかの算術や考え方が、絵入りでたのしくわかるように工夫され、その絵も、あと刷りでは朱・緑・黒の三色を使うなどの行き届いた配慮がありました。しかも、誰でもが使えるように、ソロバンの掛け算九九や割り声（算）、度量衡の単位、両替え、利息、比例など、日常で使う計算や面積の測り方、数遊びなどがていねいに解説されています。それにうれしいことは、ちゃんとこたえも出ており、ドリルやテストのように読者がイヤにならないための工夫がされています。

「計算も得意ってわけだ」

「そうです。角倉にいたころ、つまり京都にいたころに、中国の算数である『算法統宗』を勉強します。そして、それをヒントに『塵劫記』という本を編纂します」

「やっぱり江戸時代は、身分こそ武士よりも低いけど、商人が相当力をもっていたんだろうなあ。よく、時代劇の悪者で出てくる越後屋とかもそうだろ？」

「確かにそうだわ。やっぱり昔もいまも、お金の力っていうのは政治とも直接結びついているんでしょうね」

「そうですね。その『塵劫記』のなかに、初めて〈１×１〉から始まる九九が収められました。『塵劫記』は挿絵も充実していて、低い身分の人たちにもわかりやすくつくられており、江戸時代のベストセラーになった本の１冊です」

「いまはやりの『算数がわかる！』っていう本みたいなものか」

「そうですね、算数といっても、生活のなかに出てくる算数、たとえばかけ算なら『単価×数量＝代金』なんていうのが中心に解説されていたようです」

「その人は、『塵劫記』の印税だけで食ってたのかい？」

「印税」とまじめに言う田所さん。そうくるとは思わなかっただけに、思わず笑ってしまいました。

「当時、印税はなかったと思うんですけどね。『和漢編年合運図』（1645年）とか『古暦便覧』（1648年）という著書も残しましたけど、これはちょっとむずかしかったみたいですね。熊本の細川氏に呼ばれて、九州のあちこちで算数を教えたりもしたらしいです」

「私、小学校で九九を習ったかしら。ぜんぜん覚えてないわ」

「大正14年（1925）の国定教科書から『全九九』（１×１から９×９まである九九）を教えることになったんです。だから、明治生まれの方は、い

ま使われている九九を正式には習ってないんです」
「戦争もあったから、ちゃんと学校で勉強を習う機会がなかったわねえ」
「でも、だからこうしていま学んでいるじゃないですか。いくつになっても学び始めることができるんだっていうことを、逆に私はみなさんから教えていただきましたよ」と、つい私も力説してしまいました。
「そうよね。わからないことをわからないままにしておくより、わからないから勉強することが大事よね」と言う田所さんのことばに、みんなが「うんうん」と頷いています。
　60歳以上の方を対象にしているエルダリーコースでは、このように学ぶ機会を何らかの理由で奪われてしまった方が多いのです。でも、みなさん、毎回熱心に私たち講師のつたない話を聞いてくださり、その熱意には頭が下がる思いです。

## ◆ 式が意味するもの

「かけ算の意味って、もしかして、いちばん初めにいった、『1当たり5こが3つ分』っていうやつですか」
　稲垣さんが、初めにとったノートを見ながら、確認するように一言一言区切って言います。
「その通りですよ、稲垣さん。たとえば、果物売り場でリンゴが5こずつ乗っているかごが3つあったら、そこから〈5×3〉が出てこないといけないし、逆に……」
「逆に〈5×3〉とあったら、そこからリンゴが5こずつ乗っているかごが3つあることがわからないといけない」と、稲垣さんが私のことばをつないで説明してくれました。
「私の出番がないですねえ」と言うと、稲垣さんが照れ笑いをしながら、お茶うけに置いてあるお菓子を1つ口に入れました。

「いま、稲垣さんがおっしゃったように、文章や絵から式がつくれないと九九をいくら覚えても使うことができないんです」

「だから子どもたちは、文章問題になると適当に数字を組み合わせて式をつくってしまうんだよな」

　毎日、ソロバン教室で子どもたちの勉強を見ている田所さんは、「うん、そうだそうだ」と言いながら、ノートに「意味が大事」と書き込みました。

　さて、そうすると、いちばん初めの稲垣さんの質問、「〈5×3〉を〈3×5〉にしたら間違いなのか？」ということですが、大事なことは"リンゴが5こずつ乗っているかごが3つ"という景色がちゃんと頭のなかに思い浮かべられているか、ということです。それさえわかっているのなら、〈5×3〉でこたえを出しても〈3×5〉でこたえを出しても、どちらも間違っていないと思います。

「ただ、学校だと×になっちゃうんだよな」

「そうですね。テストに書かれているこたえしか採点しませんから、子どもがほんとうにわかっているかどうかを確認できないために×がつけられてしまうのでしょうね」

「テストだけじゃなくて、もっといろんな方法で子どもの算数の力を見てあげれば、私みたいな文学少女も算数が楽しくなるかもしれないわねえ」

と、しみじみと横田さんが言いました。

「じゃあ、先生、九九は後まわしでいいんですか」

「それは、覚えていないより覚えているほうがずっと計算が楽です。でも、どうしても覚えられないことってありますよね」

「うちの孫なんか、もう小学校5年生なのにいまだに九九を間違うんですのよ」

「ジャーン、そんな人のためにとっておきの方法があるんです。かける数、かけられる数、どちらも5以上の数の場合にかぎるんですけど、5の段よりも上の段が覚えられないという場合にはたいへん便利な計算方法です」

「うさんくさい」という表情です。「そんなものがあるんだったら、どうして苦労して8の段や9の段なんか覚えたんだろう」とでも言いたそうです。確かに、私も最近まで「うさんくさい」と思っていたので、気持ちはよくわかります。
「じゃあ、説明しますね。たとえば〈7×8〉。まず、両手を出してください」
「左手を開いて5を確認して、そこから6、7と親指、人差し指を折ります。次に、右手を開いて出して5を確認して、そこから6、7、8と親指、人差し指、中指を折ります。これで終わりです」
「これのどこがかけ算なんですか?」
　自分の指をいろんな角度から見ながら、ああでもない、こうでもないと考えながら稲垣さんが言いました。
「こたえはこうです。まず、折っている指、左手の2本と右手の3本、これは十の位の数を表しています。つまり、10が5本で『50』。次に、立っている指を見ます。左手が3本、右手が2本で、これをかけると『6』。『50』と『6』をたしてこたえは『56』です」
「へぇ。なんでそうなるんですか?〈9×6〉とかもできますかねえ」
　みんな、いろいろかけ算をためしています。そして、どんなかけ算でもこたえが出ることに感嘆しきりです。
「海外では九九を覚えさせないで、表を見せて書かせるところもあります。だから、学校で教えられた1つの方法が正しいというわけじゃなくて、自分の方法を見つけるということが大事な気がしますね」
「しかし、どうしてこたえが出るのかね。何か、秘密があるんでしょう?先生」
「稲垣さん、するどいですね。もちろん、ちゃんとこれには数学的な根拠があるんですよ。ただの『うさんくさい』方法じゃないんです。でも、ちょっとむずかしいので、参考程度にホワイトボードに書いておきますね」

$$7 \times 8$$

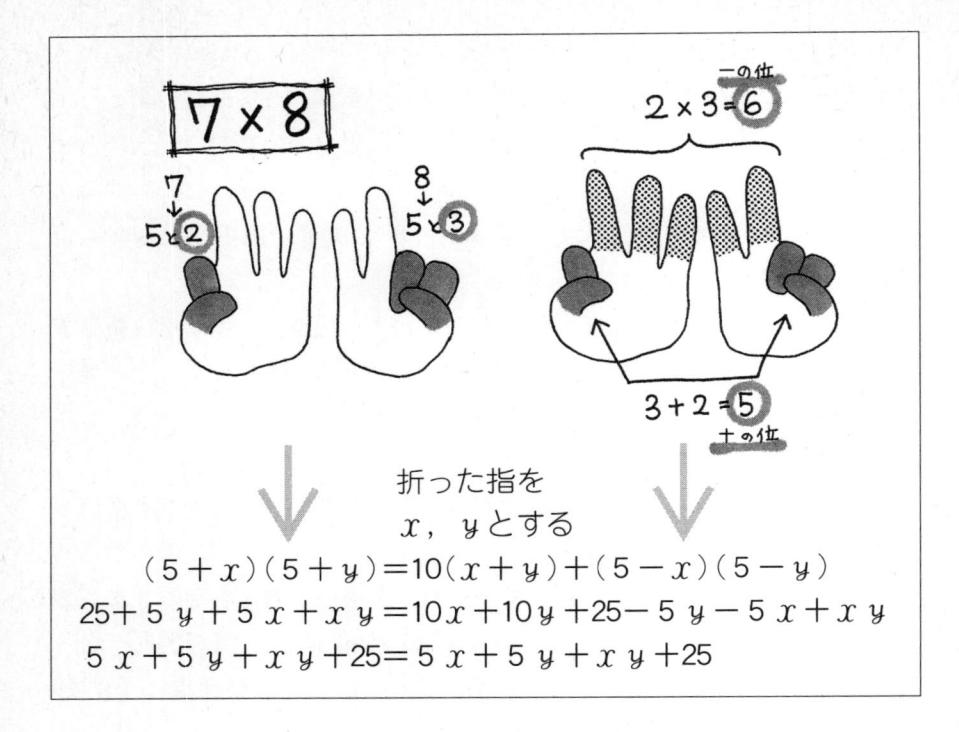

$$2 \times 3 = 6 \quad \text{一の位}$$

$$3 + 2 = 5 \quad \text{十の位}$$

折った指を $x$, $y$ とする

$$(5+x)(5+y) = 10(x+y) + (5-x)(5-y)$$
$$25 + 5y + 5x + xy = 10x + 10y + 25 - 5y - 5x + xy$$
$$5x + 5y + xy + 25 = 5x + 5y + xy + 25$$

「みなさん写し終わりました？　かけ算の歴史と意味はここでおしまいです。次は、いろいろなかけ算の計算を筆算を中心にやりたいと思います」

　さっきまであんなにかけ算をおもしろがって生き生きとした表情をしていたのに、筆算ということばで、またみなさんの表情が振り出しに戻ってしまいました。

### ◆ 多位数のかけ算

　ホワイトボードの左には大きく〈5×3〉、右側には〈65×27〉と書きました。
「この2つの式を比べて、違うところと同じところはどこでしょう」

休憩後の講座は、この質問から始めました。内容は「かけ算の計算」。一口にかけ算の計算といっても、整数どうしはもちろん、小数、分数、プラスマイナスなど、さまざまな種類があります。
「右のほうは数が大きいからむずかしいし、すぐには計算できないなあ」
「1755だね」と、得意そうに田所さんがこたえます。さすが、ソロバンの先生をしているだけあって計算をするのがとても速いのです。
「田所さん、さすがに速いですねえ。どうやって計算したんですか？」
「それは、頭のなかでソロバンの珠がパパッと動いたんですよ」
　それじゃわからないという表情で、みんなが田所さんに視線を投げかけました。
「田所さんはソロバンの先生だからいいけれど、普通、右側の問題は筆算をしないとこたえを出せないわよね」
「かけ算の筆算はどうするんだっけねえ。電卓があるから、わざわざ筆算する機会もなくなったなあ」と、稲垣さんが腕組みをしながらしばらく考えていましたが、「あ、そうそう、2段目を1つずらすんだ。そうですよね、先生」と頷きながら言ってきました。
「うん、そうですね。じゃあ、〈65×27〉の筆算を書いてみますね。もし、1人で解けるという方がいらっしゃったら、ご自分で計算をしてこたえを出してみてください」
　書き写しながら、「ああ、そうだったわ」という表情になって、途中から自力で解き始めた人、私が書いた計算をそのまま書き写しながら、どうしてこうなるのかと頭をひねっている人、これくらいなら自力でできる、とプリントに向かってさらさらとエンピツを動かす人。位の多いかけ算は、やはり普段の生活のなかで筆算する機会が少ないせいか、計算の力もたし算やひき算に比べてさまざまなようです。
「先生、どうして2段目は1つ左にずらすのかしら。確かに、電卓で計算するとこたえは合っているけれど、腑におちないわ」

図5-6　2桁の筆算

```
      6 5
  ×   2 7
  ─────────
      4 5 5
  1 3 0
  ─────────
  1 7 5 5
```

　途中から計算方法を思い出した安井さんが、自分で解いた計算を見ながら眉を寄せています。
「たまに、2つずらしたりすることもありますよね」
「え？」という表情で、みんなが山田さんのほうを見ました。
「そうですね、山田さんがおっしゃっているように、確かに2つずらすこともあります。でも、1つずらすのも、2つずらすのも、もとは同じ理由なんですよ。いまからその説明をしますね」
「私にわかるかしら……」と、不安げに横田さんがつぶやきました。
「じゃあ、初めから何にも知らなかったことにしましょう。変にやり方だけ知ってたりするから心配になるんです。私も、みなさんがまったく知らない、という前提でお話をしますから」
　私は励ましたはずだったのですが、横田さんの表情はさらに曇りました。考えてみれば、まったく知らない前提で説明をしたのに、やっぱりわからなかった、なんてことになったらちょっとみっともない思いをします。どうやら、ある程度の年齢を重ねた方にとっては相当なプレッシャーになったようです。そのときでした。
「おれもわかんないかもしれないなあ。そのときは、またしつこく聞きますよ」と、山田さんが大きな声で笑いました。それを聞いて、横田さんはほっとしたように顔をあげました。
　みんなが同じように算数ができるわけではないし、わからないことを恥ずかしいと感じる方もおれば、わからないことをきちんとわからないとおっしゃる方もいます。そんな、自分がもっている疑問や気持ちをみんなで共有できるのがエルダリーコースです。
「うん、そうですね。私もへたくそな説明かもしれないですけど、何度で

も説明します」
「お願いしますよ。先生」
「はい、がんばります」と、私もにっこりと笑って説明を始めました。
「〈65×27〉ですが、そうですね、65円のチョコレートが27こある、ということにしましょうか。なぜ、この計算がむずかしいと感じるかというと、きっと、27こというのが中途半端なんだと思うんです。じゃあ、27こをいっぺんにかけようと思わないで、20こ分の値段と、7こ分の値段に分けて考えてみましょうか。まず、7こ分の値段を出す式はどうなりますか？」
「〈65×7〉」
「稲垣さんの言う通りですね。〈65×7〉です。これを計算すると『455』です。じゃあ次に、20こ分の値段を出してみましょうか。式はどうなりますか？」
「〈65×20〉ね」
「あ、安井さん、いいですね。その通りです。この〈65×20〉を計算してみてくれますか？〈2桁×2桁〉だから、筆算でやっていただいてかまいません」
「1300になります」
「そうですね。ところで、さっきの筆算を見てくれますか？」
　みなさんが、自分で計算した筆算に目を落とします。
「1段目は、初めに出した〈65×7〉のこたえで『455』ですよね。じゃあ、2段目を見てください」
「130になってるわ」
「そうですね。その計算をしたときのことを思い出してもらえますか。〈65×2〉の計算をしましたよね。ということは、〈65×20〉の計算を簡単にするために、0を1つはずした形で計算したんです。ということは、2段目の130の、右側のあいているところに0を1つ入れてみてくれますか？」

さっき、不安そうにしていた横田さんは、0を書き入れたところで、「ああ、そういうことなのね」と言いたそうに私のほうを見ました。稲垣さんも、「へぇ」とつぶやきながら自分の計算を眺めています。
「みなさん、0を書いていただけましたか？　1300になりましたよね。つまり、2段目を1つずらすということは、〈65×20〉を〈65×2〉と計算したために、0を1つ省略しているということなんです。もし、お子さんやお孫さんが間違えそうになったら、2段目は初めから右側に0を1つ入れておくようにするといいかもしれませんね」
「先生、さっき山田さんが2つずらすこともあるっておっしゃってましたよね。あれは、どういうことなのかしら？」
　さっきまでかけ算の筆算に消極的だった横田さんが、自分のなかで1つの難題をクリアできたことで、むくむくと疑問が湧き出てきたようです。
「2つずらす場合というのは、たとえば〈325×405〉という計算です。私もホワイトボードで計算しますから、みなさんも計算してみていただけますか？」
「このとき、〈325×5〉と〈325×0〉と〈325×400〉の計算結果をたし算するわけなんですけれども、十の位は0なので、〈0×5＝0〉、〈0×2＝0〉、〈0×3＝0〉で、2段目は全部0になっているはずです。それだったら、〈325×5〉と〈325×400〉の結果だけをたしたほうが速いですよね」と言いながら、私は十の位の段を棒線をひっぱって消しました。
「結果的に、この計算がなくなって、〈325×400〉を計算する段の0が2つ省略されてしまうわけです。これが、さっき山田さんがおっしゃっていた2つずらすこともある、ということです」
　この説明には、先ほどの応用ということもあってか、自信をもって理解ができているようです。
「しかし、0ってのはあるのかないのか、よくわからない数字だなあ」
「そうですね。0についてやったときにもお話しましたけれども、0には

さまざまな意味がありますからね。その性質をうまく使うと計算も便利になりますよ」
「でも先生、やっぱりこんな大きな計算は面倒だし、子どもたちはどんなに説明しても忘れる子は忘れてしまうよな。おれだってこんなの、いま聞いたからわかるけど、家に帰ったとたんに忘れてしまう気がするよ」
「そうですよね。うちの孫も何度言っても同じ間違いをするから、つい感情的になって叱ってしまうのよね」
　やはりみなさん、大きな数のかけ算には多少抵抗があるようで、口々に「やっぱりむずかしい」と隣どうしで話しています。
「じゃあ、とっておきの方法をお教えします。指のかけ算に続いて第2弾です。だまされたと思って話を聞いてくださいね」
「え？　まだそんな簡単な方法が残ってるんですか？　嫌だわ、先生。早くそれをおっしゃってくれないと。こんなむずかしいことが延々と続くのかと思ったわ」
「すみません。でも、筆算の意味を考えると、よりこの方法がわかりやすいんですよ。かけ算というのは、海外に目を向けるとさまざまな方法があるんです。とくに、2桁以上のかけ算というのは、日本のかけ算の歴史のなかでも、いまの形になるまで試行錯誤が繰り返されてきました」
「そういえば、日本で筆算がいつから使われたかなんて知らないなぁ」
「そうですよね。さまざまな方法のなかでもおもしろいのが『鎧戸法』とよばれる方法です。形が鎧戸に似ているためにこうよばれましたが、この方法を思いついたのがイギリスのネピア（ネイピアともいう）という人で、格子が骨の形に似てることから『ネピアボーン』とよばれています。たと

図5-7　3桁の筆算

```
       3 2 5
   ×  4 0 5
   ─────────
     1 6 2 5
     0 0 0
   1 3 0 0
   ─────────
   1 3 1 6 2 5
```

図5－8　ネピアボーンのかけ算

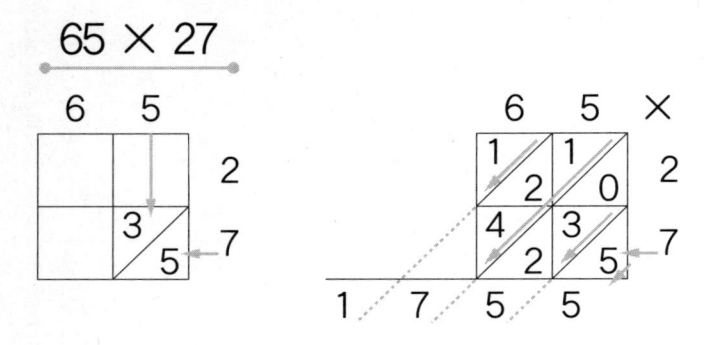

えば、さっきの〈65×27〉ですけど……」と言いながら、私はホワイトボードに格子を書きました。
「この格子に斜めに線を入れます。そして、65をここに、27をここに置きます」（**図5－8**を参照）
「あー、待ってください先生。え、格子がどうなるって？」
「すみません。説明が早かったですね」
　さっきホワイトボードに書きながら説明したことを、もういちど、ゆっくりと説明しました。
「ああ、はいはい。なるほどね」
「で、ここを斜めにたし算するわけです。すると……」
「1755になるわ」
「へえ、なんでこれで計算できるのかね」
「1つずらしたりしなくてもいいのね」
「どんな計算でもできるのかね」
「ええ、できます。試しにいろいろな数で挑戦してみてください」
　少し時間をさいて、いろんなかけ算に挑戦してもらいました。どんな数でかけ算をしてもこたえがきちんと出ることに、みなさん驚いている様子です。なかには、4桁や5桁の計算を試している方もいます。

## ネイピア JOHN NAPIER（1550～1617）

　ジョン・ネイピアはイギリスのエジンバラの近くのマーチストンという小さな町で、1550年に生まれたといわれています。そして、13歳でセント・アンドリュースにあるセント・サルベイター・カレッジに入学しました。

　あるとき、ネイピアの叔父はネイピアの父に手紙を送りました。その内容は、ジョンを家に置いておくとろくなことを覚えないので、外国に留学させるようにというものでした。その結果、外国に留学することになりますが、1608年に父が亡くなると、再び生まれ故郷のマーチストンの家に帰ってきました。

遠山啓・矢野健太郎編『100人の数学者』（日本評論社、1971年）より

　ネイピアは、神学と占星術の熱心な研究者でした。数学者でなかったネイピアが、どのようなきっかけで"世界の数学者"に名前を残すようになったかはわかりません。しかし、当時は天文学の研究が進み、非常に大きな数値を取り扱わなければならなかったという時代です。数学者の間では、なんとか簡単な方法で計算処理できないかと考えられていました。

　ネイピアは、桁数の大きい膨大な計算を、かけ算とわり算を使って、簡単に近似値を求める方法を考案しました。この方法は、今日の「対数」の考えで、科学史上の一大驚異でした。この対数の発明は、当時「労力の短縮によって天文学者の生命を2倍に伸ばした」といわれるほど、天文学的計算に威力を発揮したのです。

「必ず筆算でやらないといけないということはないんだよな」
「そうですね。どれも根拠は同じですから、自分がいちばん得意な方法をとればいいのではないかと思いますね」
「うん、うん」と、みなさんが頷いています。
「そろそろ時間がせまってきました。もういちど、いちばん初めに問題になった〈5×3〉は〈3×5〉と書いたら間違いなのか、ということを確認しておきます。学校の教科書だと、「1当たり×いくつ分」と書きましょう、というように決まっていますが、実際のところは、1当たりが何で、いくつ分が何なのかわかっていればどちらでもいいんじゃないかということです」
「ふうん、でも、学校では×(バツ)になるんでしょう？」
「そうですね。そういう学校のほうが多いでしょうね。ずっと前に、大阪のある市の議会でこのことが問題になったこともありました。そのときの結論も、意味がわかっておればどちらでもいいということだったそうです」
「子どもの理解がどこまで進んでいるのか、テストで輪切りにすることはできないってことだなあ」
　稲垣さんのことばで、かけ算の授業が締めくくられました。

No. **6**

# わり算の不思議

山田さんのはばたき

たてて・かけて・ひいて・おろす……

千田　悦代

◆ わり算なのに……

　四則計算のまとめにあたるわり算、苦手意識をもつ子の多いわり算、そして、エルダリーコース整数編の最終回ということもあり、楽しく考えていきたいと思って、配布したプリントの初めにはこんな問題を大きく書きました。

図6－1
$0 \div 5 = ?$
$5 \div 0 = ?$
$0 \div 0 = ?$

「これは全部こたえが『0』じゃないの」と、お孫さんとよく勉強しているという安井さんが口火を切って場を和ませてくれます。それに対して、いつも鋭い質問を投げかけてくれる和田さんが、「そんな簡単にこたえが出る問題は出さないでしょう」と笑って言います。
「あら、やっぱり『0』じゃだめかしら」と、会話を聞いて佐々木さんや何人かの方が書いたものを消す姿が見えます。
　むずかしい計算はまったくダメという横田さんは、筆が止まったまま周りの人の意見を聞いています。算数のパズルやゲームをいつも楽しみにしてくれている矢島さんは、〈0÷5〉、〈5÷0〉のこたえを書いてから〈0÷0〉で悩んでいる様子です。
「以前、本で読んだからこの2つは知っているのよ。でも、〈0÷0〉はなかったような……」
　そんななか、いつもニコニコ私たち講師のつたない話や説明を頷いて聞いてくれている69歳の山田さんが、いつになく険しい表情で次のような質問をしてきました。
「〈0÷5〉と〈5÷0〉はわかるんですが、〈0÷0〉、これはどういうことですか？　『0』でわるってことはできないんじゃないんですか？」
　この一言が、みなさん、わり算の思わぬ一面を知るきっかけとなりました。

## ◆ かけ算とわり算の仲

　不思議な計算のようで頭を悩ます「０」のわり算ですが、わり算の１つには違いありません。まず初めに、この問題を解くカギとしてわり算の意味について見ていきましょう。

　わり算は、現行の学習指導要領では小学校３年生から学びます。教科書を見ると、わり算の導入部分では、「12このアメを４人で同じ数ずつわけます。１人分は何こになるでしょうか」といった問題が提示されています。そして、アメとお皿の絵があり、わけていく様子がページの半分ほどにかわいらしい絵で描かれています。

　初めてわり算を勉強するときに大切なキーワードは、「お皿」、「果物やおかし」、「人形」の３つです。塾では、この３点セットをわり算の前に用意しておきます。たとえば、〈12÷4〉の計算をする場合は、12このリンゴのオモチャを大きなトレーに入れます。お皿を４枚用意し、そこにそれぞれ好きな人形を置きます。そして、みんなが同じ数ずつ食べられるようにリンゴを配っていきます。わり算は「わけ算」、まず等しくわけるということが基本です。

図６－２　「１当たり」を求める

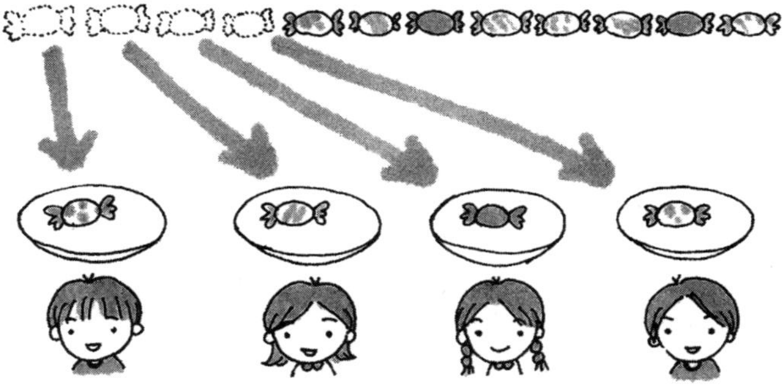

図6−3　かけ算

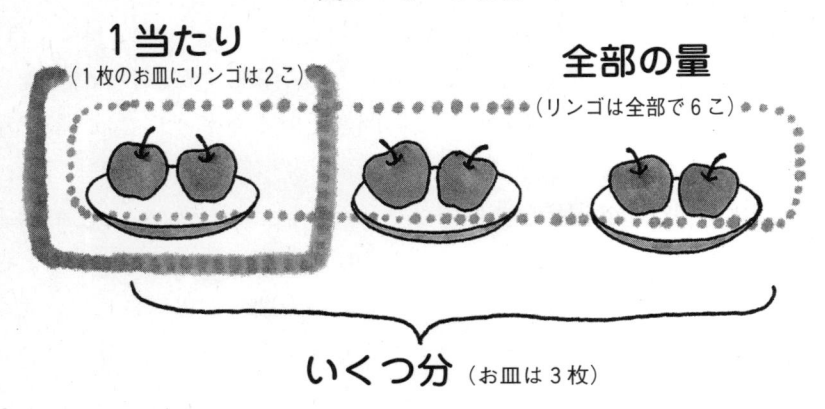

**1当たり**
（1枚のお皿にリンゴが2こ）

**全部の量**
（リンゴは全部で6こ）

**いくつ分**（お皿は3枚）

　この作業を始めると、子どもによっては「かけ算と同じだね」と気づいてくれます。かけ算のときも、お皿、人形、リンゴを使って「1枚のお皿にリンゴが2こずつ、お皿が3枚だとリンゴは全部で何こ？」という作業をよくします。つまり、かけ算とわり算は対の関係にあるのです。

　お皿やリンゴをことばで表すと、1枚のお皿にあるリンゴは「1当たり」、お皿の数は「いくつ分」、すべてのリンゴの数は「全部の量」となります。かけ算だと、〈1当たり×いくつ分＝全部の量〉となりますが、これがわり算になると、まず「1当たり」を求めることになる〈全部の量÷いくつ分＝1当たり〉となります。つまり、食べものをみんなでわけたり、トランプカードを配ったりすることなどがこれにあたります。

　このことは、日常の生活のなかで身についている子どもも多くいるようで、「12このイチゴを、私とお姉ちゃんとお母さんとお父さんの4人でわけます」と、お皿を4枚用意して配り始めると、様子をうかがいながら自分のお皿に多く入れたり……ということがよくあります。でもこれは、「同じ数ずつでないといけない」というわり算の原理がよくわかっている証拠でもあります。かけ算に比べて必然性があり、日々の生活に密着している分、比較的入りやすいようにも思えます。

図6-4　かけ算とわり算

〈かけ算〉

2こ × 3枚 ＝ 6こ
1当たり　いくつ分　全部の量

〈わり算〉

6こ ÷ 3枚 ＝ 2こ
全部の量　いくつ分　1当たり

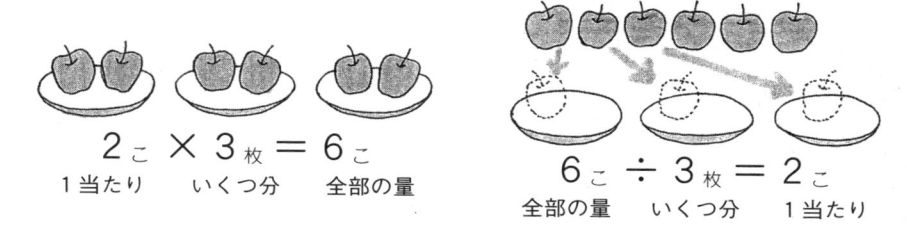

図6-5　「いくつ分」を求める

　しかし、わり算はこれだけではありません。もう1つ、「いくつ分」を求める計算の〈全部の量÷1当たり＝いくつ分〉という意味もあるのです。これは、わけていったときに「どのくらい」にわけられるのかを求める計算で、「1当たり」を求めるものよりも子どもにとっては少しむずかしいようです。
　たとえば、「12このアメを1人に3こずつ配っていきます。何人に配ることができるでしょうか」といった問題になります。初めにわけるべき人数が確定していないために、アメは用意できてもお皿の枚数が決められません。そのため、作業としては少し複雑になるので、「1当たり」を十分

図6－6　等分除と包含除

等分除　　　　　　　　包含除

に練習してから、この「いくつ分」を勉強するのが順番としてはよいように思います。教科書にもこの2つが扱われ、「1当たり」を求める計算から「いくつ分」を求めるものへと進むようになっています。

　この2つ、むずかしいことばにすると、初めの「1当たり」を求めるわり算を「等分除」、「いくつ分」を求めるものを「包含除」といいます。もちろん、子どもがことばを覚えなければいけないというわけではありません。教える側が、わり算には2つの意味があるということを意識してあげられれば、文章問題などのときに、どこを苦手としているのかを知る手助けにもなります。

　いずれにしても、いま見てきたように、わり算は「かけ算の逆」の意味をもつ計算です。したがって、このこたえの求め方もかけ算を使うことになります。〈12÷4＝？〉であれば、4をかけて12になるものを探せばいいのです。

「なぁんだ。もう、わり算できちゃうよ」

「4の段で12になるのはね。しいちがし、しにがはち、しさんじゅうに……あ、あった」と、子どもたちは、いままでに学んだかけ算でこたえがわかることがうれしいようです。教室のなかに、九九を唱える声が響くこともしばしばです。

「0」のわり算も同じように考えてみると、〈0÷5〉であれば5の段で0になるものを探せばいいのです。

図6-7　0÷5＝？

〈証明〉　　　　　　　　　同じように考えると
㋑　8÷2＝4　　　　　　　0÷5＝0
　　□÷2＝4　　　　　　　□÷5＝0
　　□　＝4×2　　　　　　□　＝0×5
　　8　＝8　　　　　　　　0　＝0
　∴8÷2＝4　　　　　　∴0÷5＝0

## ◆「0」の引力

「〈0÷5〉は、0このものを5人でわけるということで……そうすると、わかった。0÷5は5×□で0になるものと考えれば……」と、全部「0」と書いてしまっていた安井さんは、もういちどエンピツを持って考え直しています。「白紙でお手上げ」と言っていた渡辺さんも、「こういうことかしら」と少し自信をもって周りにいる講師に確認しています。

　しばらくすると、全員が「0」と正しいこたえを入れることができました（**図6-7**）。

　次は〈5÷0〉です。「初め、〈0÷5＝0〉なら〈5÷0＝5〉かなぁ、なんて思ったけど、それはちょっと違うみたいだね」と、自分のこたえを見直して佐々木さんがつぶやいています。

「〈0×□〉で5になるもの。これはないでしょう」と、いちばん年長の横田さんがポツリと言っています。そうなのです、0の段で5になるものはありません。0の段は子どもたちも大好きです。なにせ、こたえはすべて「0」ですから。

「こたえがないなんてどう書くのかしら。やっぱり『0？』、違うわね」

　隣どうしの女性2人は、こたえを見せ合いながら話しています。0人に

図6-8　5÷0＝?

〈証明〉　　　　　　　　　　　　　　　　　同じように考えると

例1　5÷0＝5　　　例2　5÷0＝0　　　　5÷0＝△とする
　　□÷0＝5　　　　　　□÷0＝0　　　　　□÷0＝△
　　□　＝5×0　　　　　□　＝0×5　　　　□　＝△×0
　　5　≠0　　　　　　　5　≠0　　　　　　5　≠0
　∴5÷0≠5　　　　　∴5÷0≠0　　　　∴△は存在しないので
　どのような数字をあてはめても等式は成り立ちません。　∴5÷0＝不能

わけて1当たり何こなんて、確かにヘンですよね……。
　佐々木さんが初めに書いた〈5÷0＝5〉になぜならないかを見ながら〈5÷0〉を考えていきましょう（**図6－8**）。
「どんな数でもできない」ということを、数学用語では「不能」といいます。こたえは、数字を書くのではなく「不能」ということばが入ります。
「不能ですかぁ。そんなこたえ方が算数にあるもんなんだね」と和田さんが言いましたが、私自身もこのことを知ったときはそう思いました。算数・数学は数字と記号だけの世界と思い込んでいて、考えに考えた末に出されたこたえが「できない」なんて……。
「そうすると〈0÷0〉は？　これも数じゃないでしょ」
「〈5÷0〉が不能というなら、〈0÷0〉は何ていうことば？」と、にぎやかにことばが行き交います。みんなが自分の考えるこたえを口々に言い、でもまた考え直し、「0」の不思議にはまっていきました。何か少しずつ「0」が、いままで私たちが思っていたのとは違う数の世界に導いてくれているようです。
　では、〈0÷0〉も順を追って考えていきましょう。〈2÷1＝2〉、〈1÷1＝1〉だから〈0÷0＝1〉と初めにこたえてくれた方もいたのですが……。〈0÷0〉のこたえも、やはりことばが入ります。「どんな数でも

図6-9  0÷0＝？

〈証明〉

例1  0÷0＝1     例2  0÷0＝0     同じように考えると
　　□÷0＝1        □÷0＝0        0÷0＝△とする
　　□　＝1×0     □　＝0×0      □÷0＝△
　　0　＝0        0　＝0         □　＝△×0
　∴0÷0＝1      ∴0÷0＝0        0　＝0
どのような数字をあてはめても等式は成り立ちます。  ∴△はどんな数でもよいので
　　　　　　　　　　　　　　　　　　　　∴0÷0＝不定

よい」という意味の「不定」という用語になります。

　授業もだいぶもり上がってよかったなぁと思いながら、「不定」と（図6-9）板書しました。すぐさま、山田さんから次のような質問が出されました。
「〈5÷0〉は『不能』なんですよね。『できない』ってことですよね。そうしたら、〈0÷0〉も『不能』なんじゃないんですか？」
「0の段で5になるものはないから『できない』けれど、0の段で『0』になるものは何でもいいわけですよね。そうすると、1つに決めることができないから『不定』ということばになるんですよ」
「そうよねぇ、〈0÷5〉と〈0÷0〉はちょっと違うわよね」と、佐々木さんが考えながらことばをつないでくれました。
「でも、0でわるってこと自体やってはいけないことで、意味がないことなんでしょ。そうすると、0でわるってことは、どれも『不能』なんじゃないかと思うんですがねぇ」と、山田さんはまだまだこだわっています。
「0でわるってことは、われないということでもないし、わってはいけないというわけではないんですよ……」と言ってもどうも説得力に欠け、頼りない説明になってしまいました。

数学の時間によく「分母に０をもってきてはいけない」と習いますが、それは、いま見てきたように、０でわってもこたえが出なかったり、できなかったりするからなのです。中学生や高校生に理解できるように説明していくことが無理だと考えるためか、理由を教えてくれる先生はほとんどいないようです。もともと私も、理由の説明がなくても疑問をもたずに過ごしてきてしまった１人なので、今回、エルダリーコースのために勉強して知ったばかりです。うまく説明ができずに、参加されているみなさんもまき込んで、「０」の不思議にますますはまってしまいました。

## ◆　「０」は数ではない!?

　「０」は、発見のときからほかの数とは違っていました。意外なことに、「０」が発見されたのは７世紀初めのインドでのことでした。それ以前は、位取りの概念はありながら０がないために、１つ位が上がるごとに新たな数字を考えて当てはめていくという、かなりの労力を必要としたものだったそうです。それが、バビロニア（BC1900年ころ～BC1600年ころ）で使われていた12進法がインドに伝わっていったことで位取りが浸透し、「０」の発見がなされる流れとなっていったようです。「０」が発見されたことで「10進位取り記数法」が生みだされ、インドからシルクロードを伝って東西に広がっていきました（35ページからを参照）。
　また、「０」の意味を見ても、ほかの数とは違ってさまざまな特徴をもっていることがわかります。私たちが普段考える「０」は、「あるべきところになにもない」というものですが、これはいくつかある意味のうちの１つにすぎないのです。
　教科書では、お皿があるのにリンゴは乗っていない、というようなイラストで表現されています（**図６-10**を参照）。１年生のときに、１から10までの数字を学んだあとで（本来は、９まで学んだあとが望ましいので

図6-10　0とは何か

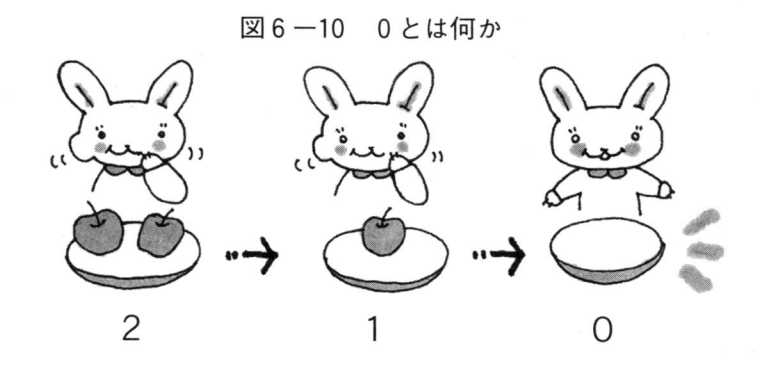

図6-11　基準の0

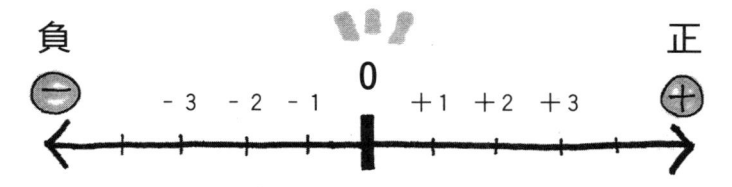

す）別の1ページがもうけられ、ほかの数とは扱いを別にして学びます。

　これに対して中学生になると、0は「基準」としての役割があることを学びます。正負の数を学ぶときの0がそれです。「＋（プラス）」でも「－（マイナス）」でもなく、中心に位置するものとして考えることとなります（**図6-11**を参照）。これが、もっと進んだ考え方として、「始まり」と見なすというものがあります。中学・高校のときに学ぶ累乗で使われます（2の0乗＝1、3の0乗＝1、4の0乗＝1などです。**図6-12**を参照）。

　さらに進むと、「決まり事」として扱うことが出てきます。順列で使う

図6-12　0の累乗

$2^0 = 1, \quad 3^0 = 1, \quad 4^0 = 1$

階乗では、「0！＝1と定める」と教科書でも表記されています（**図6-13**を参照）。証明ができず、ほかの数と同様に扱えないために、「こう決めましょう」と約束してしまうのです。ただ、こうなってくると、数は絶対のもののように思い込んでいたいままでの概念がくずされていくようにも感じます。

図6-13　0の階乗

3！＝3×2×1
2！＝2×1
1！＝1
0！＝1と定める

　もともと、数は「決まり事」で成り立っているものです。1、2、3……にしても、「これだけの量を1とする、2とする……」と定めたものです。0も同じなのですが、決まり事がほかの数よりも多く、その内容によって習う年齢が高くなるというところが違う点です。

　どんな数も、初めは決まり事として覚えるのです。けれども、大人になるとそうしたことを忘れ、当然のことのように感じてしまいがちです。それが、今回の0のわり算によって知らなかった一面に出あうことになり、新鮮さのうえに「戸惑い」と「驚き」を感じたのだと思います。そして、数の不思議にひきこまれていくことになったのです。

　〈0÷0〉では、0にどんな数をかけても0になります。1つのものに決めることができないので、「できない」という意味の「不能」とは区別して「不定」ということばが、いまの数学の世界では当てはめられているのです。0がなにもないことも、0！＝1になることも、〈0÷0＝不定〉であることも、みんないまの時点で約束された決まり事なのです。

### ◆ 算数＝芸術

　そうしたことをわかりやすく説明し、かぎられた時間のなかで山田さんに納得してもらうことがうまくできませんでした。

　0はいま見てきたように、多くの働きをもつ不思議な数です。その1つ

1つが年月をかけて発見・発明され、決められていったものです。〈０÷０＝不定〉であることがくつがえされるとはまず考えられませんが、山田さんが０のわり算にこだわり、つきつめていったら、ひょっとして０にまつわるすごい発見があるかもしれません。

　算数・数学には、決まりきったことを学ぶだけではないおもしろさがその後ろには広がっているようです。山田さんは、「何かおかしい気がする」という自分の考えをもとにどんどんほり下げ、その先のほうに無限に広がっているおもしろさに入っていったのかもしれません。こう考えると、算数・数学は、生みだすことにおいては「芸術」といえるのかもしれません。自分なりに生みだす楽しさをもつ教科、既成の概念にとらわれず、自由に考え、追求していくことができれば"数楽家"になれるでしょう。

## ◆ 昔といまと

「０」が長い年月をかけて追究されていまの形になってきたように、わり算も歴史をたどっていくと意外な面を見せてくれます。古くは、古代エジプトの分数にわり算の始まりを見ることができます。英語でわり算のことを「division」、つまり「分配する」という単語が当てはめられているように、わり算は「わける」計算のことです（109ページ参照）。

　これは、生活のなかで常に行われている行為です。「２このパンを３人でわける」、「３羽の鳥を５人でわける」ということは、古代の人もやっていたことでしょう。これが、エジプトで $\frac{2}{3}$ だとか $\frac{3}{5}$ といった分数の形をとり、記録として残された最古のわり算となりました。これがギリシアに伝わって、ピタゴラスによって「比」という形をとるようになったのです。ヨーロッパでは、現在でも「比」、「分数」、「わり算」は同じように扱われているところも多いようです。

　いくつかの世界の教科書を見てみると、日本の小学生が習うよりも早く、

# ピタゴラス Pythagoras（BC580？〜BC500）

　ピタゴラスに関する伝説は非常に多いのですが、ほんとうに確かかと思われるものはきわめて少ないようです。

　ピタゴラスはBC580年ごろ、エーゲ海にあるギリシアの植民地サモス島で生まれたといわれています。このサモス島はイオニア植民地の文化の1つの中心で、したがって当時のギリシャ文明の中心でした。

　ピタゴラスは、当時、最大の学者であったターレス（BC620？〜BC555？）の門弟になるために郷里を出ました。その後、ターレスのすすめにしたがってエジプトに遊学しました。彼はかなり長い間の外国留学の後、郷里のサモス島へ帰り、そこで学校を開きました。

　しかし、この学校はうまくいかなかったのでピタゴラスは、南イタリアにあるギリシアの植民地、大ギリシアに行き、その都市クロトンで学校を開きました。その学校では、数学、自然科学、哲学を教えましたが、弟子たちはここで習った事柄を口外することは禁じられていたし、弟子たちの発見した事柄はすべてその師ピタゴラスの発見とされました。ですから、ピタゴラスの発見といわれるもののうち、どれだけが彼個人の発見であるかはわかりません。むしろ、ピタゴラス学派の業績というほうが正しいようです。

　あの有名なピタゴラスの定理（三平方の定理）も、もともとエジプトなどで縄張師と呼ばれる人たちが、洪水後の土地の測量で用いていた技術から、「直角三角形の斜辺上の正方形の面積は、他の2辺上の正方形の面積の和に等しい」と、まとめたものといわれています。

図6−14　いろいろなわり算記号

8 ) 27　　　8 ) 27 (　　　8 )‾27‾

「比」や「分数」が登場しています。また、わり算の記号が「÷」ではなく「：」と描かれている国もあります。大航海時代、わり算を簡略化する必要からこれらの記号を考えだしたのですが、この2つは、同時期に2人の人物によって広められました。ニュートン（1642〜1727）が「÷」の記号をイギリスを中心として、ライプニッツ（1646〜1716）が「：」をヨーロッパ大陸を中心に広めたため、国によって使う記号が違ってしまったのです。

　ニュートン、ライプニッツ、大航海時代（15世紀〜16世紀）……と聞くと、古代エジプトや古代ギリシアからずいぶん時代が経過してしまったことに気づきます。わり算の概念は早い時期からできていたにもかかわらず、いま私たちの学ぶわり算の形ができたのは、どうやら意外に新しいようです。「÷」という記号は1599年（この年については、さまざまな議論があります）ということですから、ちょっと驚きです。現在に至ってさえ、国ごとに違う記号を使っているというのもわかるような気がします。

　同じように、)‾ という筆算の描き方も、1500年代のドイツに似たような描き方をしている記録があることから、あまり古くはないということがいえます。この筆算も、やはり国によって描き方はさまざまで、**図6−14**のように日本とは上下が逆の素因数分解のようなものや、ひく記号（−）を入れるものなどもあります。

　日本のやり方が、決してすべてではないのです。子どもたちと一緒に教科書やドリルに向かっていると、書いてあるやり方でできなければいけない、という思いに縛られるときがあります。「なんで、何度やっても覚えられないの」と、お互いに息づまることもしばしばです。「筆算の形は斧の形なんだって」、「計算途中のたてて・かけて・ひいてのひき算のときは、

ひくの印の〈ー〉を描いてもいいよ」などと、いろいろなやり方や覚え方があることを伝えられる余裕が、世界に目を向けることで生まれてくるように思います。

「なんだ、いまやっているわり算って古くないんだ。まだ、やり方も固定されていないんだ」と、私自身、歴史を学んで肩の力がぬけたことを覚えています。

　筆算や記号が古くないことを見てきましたが、日本では、わり算自体の歴史が浅いようです。かけ算は「No.5　かけ算の不思議」でも記されたように、平安時代には九九が歌のなかに盛り込まれるほど貴族の教養の一部となっていたのに対し、わり算は記録として残されているものはほとんどないようで、いつ、どのように使われていたのかがはっきりとしません。しかし、室町時代以降の資料に、ソロバンの普及にともないわり算を見ることができ、江戸時代の『塵劫記（じんこうき）』には明記されているので、この間に少しずつ整っていったのではないかと思われます。

　しかし、おもしろいことに『塵劫記』のわり算は、かけ算と同じ扱いがなされているのです。「八さん割り」という、かけ算の九九表と同じようにわり算表があり、2でわるときは「にちんが……」というように声に出して覚えていくものだったようです。ちなみに、「にっちもさっちも……」といういい回しは、この「八さん割り」に由来しているそうです。

　こう見てくると、江戸の人はわり算が得意そうに見えますが、どうやらそうでもないようで、ページをめくると「かけて割れるさんの事」という表が出てきて、「二ノ割五をかける（÷2のときは、×0.5をする）」といったことが早見表となって書かれています。これを見ると、わり算をかけ算に直して考えることが多かったことがわかります。わり算はむずかしいのでできるだけ避けたい、というのは昔もいまも変わらないようです。

　「水道方式」という算数の教え方を遠山真学塾に入って学んだとき、最初

図6-15 手かくし法

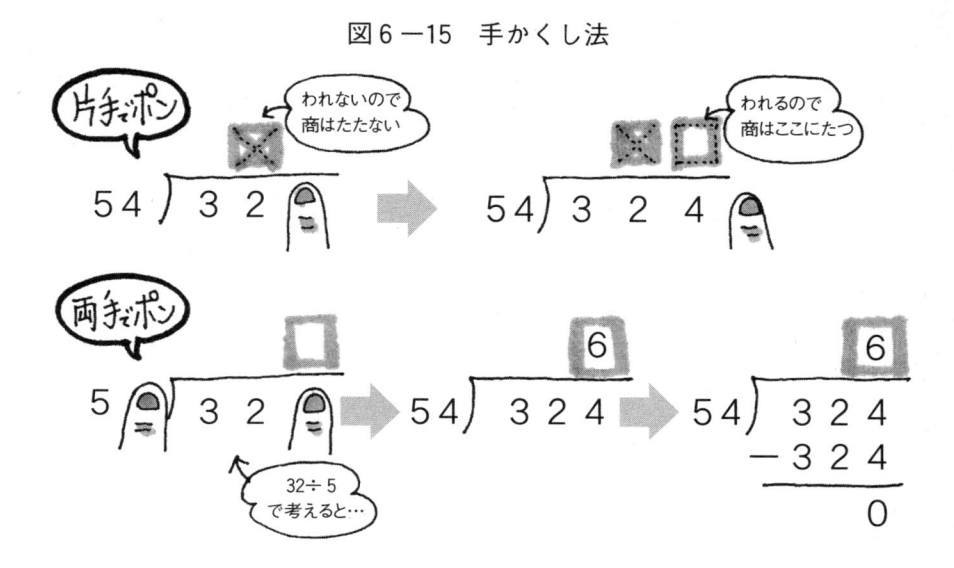

に「すごい」と感じたものはわり算の解き方でした。昔からむずかしいとされているだけに、子どもにとってわかりやすく、負担の少ない解き方を体系化した、水道方式の力がもっとも発揮されているところかもしれません。その解き方は、「手かくし法」、「片手でポン・両手でポン」というちょっとおもしろい計算方法なのです。これを覚えれば、わり算の最難関である、わる数が2桁、3桁のものも楽しくできてしまうから驚きです。

使うものは指だけで、特別な教具は必要としません。たとえば〈324÷54〉であれば、図6-15のようにまず「片手でポン」とわられる数に片手の指を置き、わることができるかどうかを考えていきます。われなければ、指を1つずつずらしていき、われるところに商がたちます。次に、「両手でポン」と両方の手の指を使って〈32÷5〉に簡略化します。そうすれば、いままでやってきた九九の範囲で簡単にこたえが「6」と出ます。

これは、何桁の計算にでも応用できますし、少しずつ発展させていくこともできます。一緒に勉強している中学生の若者で、手を使うのが恥ずか

しく思ったのか、指で隠すかわりに丸で囲むというやり方を見つけた人もいました。

わり算は、むずかしいだけに工夫のしがいのある計算でもあり、子ども自身の「発見・発明」が光る、やはり「芸術」なのかもしれないなぁと感じさせられます。

### ◆ わり算で「大人」になれる!?

わり算は、先ほども述べたように、子どもにとっては身近な生活のなかにあるものです。それが計算となると、たす、ひく、かける、のいままで学んできた知識を総動員しないとできないため、「面倒で嫌いだ」となりがちです。商をたててかけ算をする。かけ算で求めたこたえをわられる数からひき算する。そして、下の位の数をおろしてくる（これは、実はたし算をしています）。この何段階もある手順を、１つもはずせないところがわり算のむずかしいところです。

図６－１６　わり算の手順

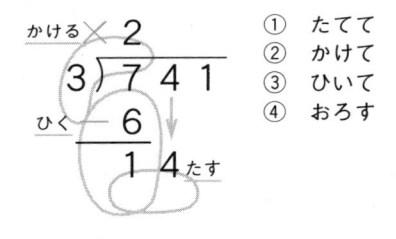

```
      かける × 2
          3 ) 7 4 1    ① たてて
      ひく  − 6 ↓      ② かけて
           ─────       ③ ひいて
              1 4 たす  ④ おろす
```

でも、全部を１人で解かなくてはとかたくなに考えなければ、わり算はかけ算やひき算の復習にもなるとてもいい計算といえます。かけ算がもし心配なようであれば、商をたててかけ算する部分だけをやり、ひき算が復習したければその部分だけを１人でやってもらい、あとは手助けをするというのも１つのやり方です。慣れてきて１人でもできそうになったら、「たてて・かけて・ひいて・おろす」とリズムにのって練習すれば覚えやすいと思います。

「かけ算をぜーんぶ覚えたら、ぼくは大人になれるのかなー」なんて、九九を唱えながらかわいらしくいっていた子どもがいました。

図6-17 わり算の役割

**4年生**　3cm [5cm / 15cm²] 面積　　$\frac{1}{2} = 1 \div 2$

**5年生**　80円÷100円＝0.8（80%・8割）

**6年生**　120km÷60km/時＝2時間

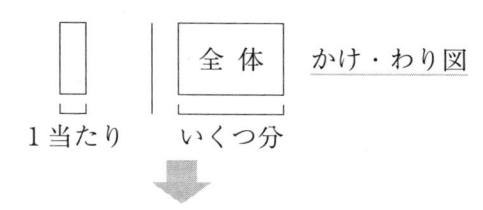

□　|全体|　かけ・わり図
1当たり　いくつ分

⬇

関数や確率などへ

　かけ算には、たし算やひき算と違い、質（単位）が違うものどうしをかけあわせ、新しい質や単位を創造できる大きな力があります。かけ算を学ぶと、子どもの数の世界は一気に広がっていきます。そして、わり算はその世界をもっと広げてくれることでしょう。

　4年生では面積や分数、5年生では割合へ、6年生では速さを求める単位当たりへと発展していきます。そして、関数や確率といった、社会と関わるうえで大切なものへと発展を続けていきます。わり算の考え方がわかることで、世のなかのことがわかってくるといっても過言ではないかもしれません。

　新聞を広げてみれば、首相の支持率のグラフからスーパーの割引商戦まで、そしてカラーで大きく「電気代が30%節約」と書かれたヒーターの広告にはひときわ目をひかれます。どれも、わり算を使うものばかりです。

　また、最近では、「ナノテクノロジー」ということばをよく聞きます。何だかすごい技術のこと、と私も漠然としか感じていませんでしたが、実

は「ナノ」というのは「10億分の1」というとてつもなく小さい単位のことなのです。この小さな範囲での技術が、いま競われているのです。これも、分数（＝わり算）がつかめていなければわからない単位です。このナノと同じ10億分の1の単位に「ppb」というものがあります。公害問題などでよく聞く単位ですが、わり算で出されるこの小さな単位が私たちの命を左右していると思うとぞっとします。

　ほかにも、まだまだわり算は私たちの生活のなかに入りこんでいます。アルバイトのお給料の計算も1時間当たりというわり算の考え方を使いますし、太りすぎていないかと健康を気づかうときにも、ＢＭＩ（Body Mass Index）といわれる数値を〈体重÷（身長×身長）〉で出し、標準値以内にあるかどうかを見ます。65歳になって年金をもらうときになると、80万4200円に加入可能月数分の納付月数＋免除の月数に $\frac{2}{3}$ だの $\frac{1}{3}$ だのをかけて計算します。これは、国民年金の場合で、厚生年金になるとさらに複雑なわり算や分数が必要となります。

### ◆　社会の質を考える

　このように、生きていくそのときどきで、わり算は私たちの身の周りをとりかこんでいます。そして、わり算は、私たちの目を世界に向けるきっかけもつくってくれています。世界の出来事を日本や各国と比べてとらえるには、わり算から発展した割合や比率といったものが大きな役割を果たすこととなります。先日目を通したユニセフの『子ども白書』のなかには、出生率や5歳以下の子どもの死亡率などが百分率や千分率で細かく記されていました。もっとも死亡率の高いシエラレオネでは3割を超す数値が報告されていました。

　わり算は新しい単位を生みだす力をもっているだけに、その時代時代を映しだす鏡なのかもしれません。時代の"いま"を見つめ、"先"を見極

めていくために必要不可欠な計算といえます。わり算を学んでいくということは、そうした「社会的な量」や社会の質的な差異をも自分で計算し、分析し、理解し、参加できるようになるのです。

　かけ算だけではまだちょっと大人にはなれないかもしれないけれど、「わり算ができたらもう『大人』だね」と、彼に言いたいところです。そんなわり算の深さまで導いてくれた山田さんは、「こうやって考えることは楽しいですよね。これが算数の大切なところで、子どものときにそんなふうに教わったら好奇心が育ちますね」と、後日おっしゃっていました。「好奇心ってものは、子どものとき身についていれば不思議と衰えないですねぇ。いくつになってもいろいろなものに興味や関心をもてる幸せでしょうか。まだまだ知らないことだらけですよ」とも。

　算数や数学のもつ力の大きさ、そして、それを追究していく「好奇心」の大切さを、エルダリーコースでの講義をきっかけに、次の世代にも伝えていけたらと思っています。

No. **7**

# 助数詞と単位の不思議

## 矢島さんのおどろき

## 1ポン、2ホン、3ボン……

小暮 千夏

### ◆ 数詞の落とし穴

「孫が宿題をやっていたんです。算数の文章問題だったようで、大きな声で問題文を読んでいて、一生懸命やっていたんですけど思わず笑ってしまいました」

こんな話をしてくれた稲垣さんには、小学校1年生の「けいちゃん」というお孫さんがいらっしゃいます。そのお孫さんの宿題を、よく見てあげているそうです。

お孫さんは、「赤いボールが2つあります。青いボールが5つあります。ボールは全部でいくつありますか」という問題の「2つ」を「につ」、「5つ」を「ごつ」と読んだのです。

「につ、ごつ、なんておもしろいわね。子どもの考えることってほんと不思議」と、同じくお孫さんのいる安井さんも頷いています。この話を聞いて、私はあることを思い出しました。かけ算九九にまつわる、苦い経験です。

小学2年生の算数のメインイベントといえばかけ算です。いまでも、2年生の2学期に九九を習い始めます。塾でもこの時期になると、あちらこちらから「にいちがに、ににんがし……」と、九九を唱える声が聞こえてきます。私も初めて習ったころは楽しくて、よく口ずさんだり九九の歌が入ったテープを聞いたりしていました。そのため、九九を覚えるのはクラスでも早いほうだったと思います。しかし、学校で出されるプリントでは思うように点数がとれませんでした。九九は暗唱できるのに、書くとなると間違いが多くなってしまうのです。

その原因の1つに、数字の読み方がありました。たとえば〈3×9＝27〉です。「さんくにじゅうしち」と覚えてはいたのですが、〈3×9＝21〉と書いていました。いつの間にか「にじゅうしち」が「にじゅういち」になっていたのです。そのころの私にとって、「7」は「なな」であ

って「しち」ではありませんでした。自分のなかでつじつまを合わせるために、「しち」を「いち」に変換していたのかもしれません。
　「そんな間違い方ってあるのね。おもしろいわ。でも、同じ数字なのに違う読み方をするのはなぜかしら」と、稲垣さんがお孫さんを思い浮かべながら言います。
　「漢字の音読みと訓読みの違いみたいなものじゃないかしら。たしか、音読みは中国から来た読み方で、訓読みは日本で生まれた読み方だったと思うけど。たとえば、私の孫は"里美（さとみ）"というんだけど、娘は"里恵（りえ）"というんです。同じ"里"という漢字を使っていても読み方が違うのよね。それくらいの違いなんじゃないかしら」と、安井さんが漢字の読み方と関連づけて考えてくれました。

## 教科書

　小学校に入学したばかりの１年生が手にする真新しい教科書。算数の教科書の最初の単元は「10までの数」です。カラフルなイラストと一緒に、１（いち）、２（に）、３（さん）、４（し）……と、数字とその読み方が書かれています。そのままページをめくっていくと、今度は「前から４にん」、「アヒルが４わ」という問題が出てきます。このときは、「前からよにん」、「アヒルがよんわ」と読みます。
　「４」は「し」と読むと習ったのに、「４にん」のときは「しにん」と読んではいけないのです。前に習ったことと違う読み方をしなければならないということは、ことばや数に慣れ始めた小さな子どもにとってはとてもむずかしいことです。
　数字の読み方の違いは、子どもにとって意外と大きなハードルになります。数字には、なぜ違う読み方があるのでしょう。

「実は、安井さんのおっしゃる通りなんです。こんな質問が出るんじゃないかと思って、昨日、急いで調べてみたんです」

## ◆ 数の数え方、助数詞

　数字を使って、量や順序を表すものを数詞といいます。現在使われている数詞には、「ひとつ、ふたつ、みっつ、よっつ……」と唱えていくものと、「いち、に、さん、し……」と唱えていくものがあります。前者を「和語系数詞」、後者を「漢語系数詞」といいます。和語系数詞は、漢字の訓読みと同じで日本で生まれた読み方です。いつごろ成立したのかはよくわかっていませんが、縄文時代から弥生時代にかけて成立したといわれています。一方の漢語系数詞は、中国などから漢字や仏教などと一緒に伝わってきたとされています。現在では、和語系数詞よりも漢語系数詞のほうがより広く使われています。

「ふうん、でも、中国から新しい読み方が入ってきたあとも、古い読み方がなくならなかったのはなぜかしら。新しく、よいものが入ってきたら古いものなんてなくなってしまいそうなのに。着物だってそうよね。西洋から洋服が入ってきたら、着物を着る機会なんてかぎられてしまったし。まぁ、洋服は着物に比べて動きやすかったからってこともあるだろうけど」と、矢島さんが首をかしげています。

「そうね。漢字の音読み・訓読みには意味の使いわけがありますね。でも、数字に意味の使いわけがあったなんて思えないな……」と、稲垣さんも考えこんでしまいました。

　英語には2種類の数詞があります。ものの数（量）を数えるときには「one、two、three……」と唱えますが、順序を数えるときには「first、second、third……」と言います。これに対して日本語では、ものの数を数えるときにも順序を数えるときにも、1、2、3……と唱えることが多いと

思います。

　では、次の場合はどうでしょう。たとえば、雑誌などで見かける「バーコード４枚を１口として……」という懸賞広告を読むときです。このとき、「１口」は「いちくち」と読まず、「ひとくち」と読みます。しかし、順序を表す場合には、「１番」、「２番」とします。「ひとばん」、「ふたばん」とは読みません。

　１口、２口のように数量を表すときには「ひとつ、ふたつ……」と和語系数詞がとられ、１番、２番のように順序を表すときには「いち、に……」と漢語系数詞がとられます。このような意味による使いわけがあったので、漢語系数詞が日本に入ってきたあとも和語系数詞がなくならなかったのです。しかし、いまでは数量や順序による読み方の使いわけはあまりされていません。助数詞の影響を受けて数字の読み方が変わる場合がほとんどです。

　助数詞は、数えるものの後ろにつけることばです。数える対象によって変わります。たとえば、ネコは１匹２匹と「匹」を使って数え、エンピツは１本２本と「本」を使って数えます。おもしろいことに、１本は「１ポン」、２本は「２ホン」、３本は「３ボン」と、みんな言い方も変わるのですから不思議です。では、ボールを数えるときはどうでしょう。１こ、２こと数える人もいれば、１つ、２つと数える人もいると思います。どちらも間違った数え方ではありません。このように、「こ」と「つ」は互いに入れ替えることができ、広く使える助数詞なのです。しかし、両者を入れ替えることができない場合もあります。

　アメ玉が10あるとき、多くの人は「10こ」と数え、「10つ」と数える人はいないでしょう。アメ玉が12あるときも20あるときも、「つ」を使う人はいないと思います。これは、「つ」が９以下の和語系数詞にしかつくことができないからです。「こ」はどんな大きな数にもつくことができますが、「つ」には数の制限があるのです。

また、「つ」を使うほうがふさわしい場合もあります。たとえば、抽象的なものを数えるときなどです。ある考えに至ったわけを尋ねられたとき、「理由が2つあります」とこたえることはありますが、「理由が2こあります」とはこたえません。また、「1つのきっかけ」を「1このきっかけ」と言い換えることはできないでしょう。「理由」や「きっかけ」が抽象的な事柄なので入れ替えることができないのです。助数詞として同じように広く使われ、入れ替えて使うことが可能な「こ」と「つ」も、よく見てみると大きな違いがあるのです。
　1つ1つがバラバラにわかれている分離量を数えるときには助数詞を添えますが、どこまでが「1」かはっきりしない連続量を数えるときには単位を用います。長さを表すときには「m」や「cm」を、重さを表すときには「kg」や「g」を使うなど、数値化するものによって用いる単位が違い

## 助数詞

『教え方の辞典』(飯田朝子著、小学館、2004年)によると、助数詞や助数詞と同じ働きをする名詞も含めると約600語もあるそうです。同じように使える「こ」と「つ」は、入れ替えて使えない場合もあります。また、回数を数える「回」と「度」にも意味の違いがあるのです。「度」は「回」に比べると、繰り返し行われることが想定しにくい場合に使います。そのため、「仏の顔も3度まで」とは言っても、「仏の顔は3回まで」とは言わない。ふだんは何気なく使っている助数詞にも、意外と深い意味があったのです。最近あまり耳にしなくなった、おもしろい助数詞を紹介しておきます。

- ・写真／はがき……葉（よう）
- ・テント……張（はり）
- ・鳥居／古墳……基（き）
- ・鏡餅……重（かさね）

ます。この単位は、助数詞と違って世界中で通用します。では、世界共通の単位はどのようにして生まれたのでしょうか。

## ◆ 単位はどうやって生まれたか

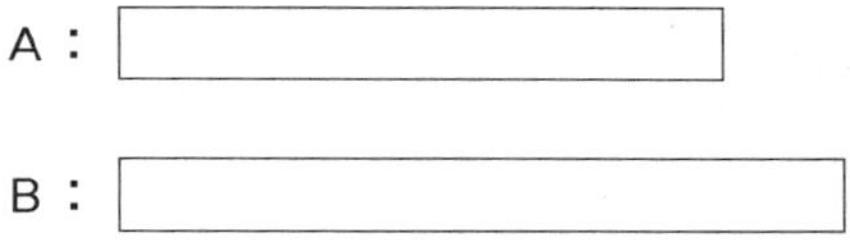

　図7－1のように、テープを2本用意しました。どちらのテープが長いかを知りたいとき、動かせるものであれば、図のように隣に並べて比べることができます。こ

図7－1　長さ比べ

A: ▢

B: ▢

のように、直接比べる方法を「直接比較」といいます。では、東京タワーと大阪の通天閣の高さを比べるときなどのように、直接比較ができない場合はどうしたらいいでしょう。
「巻尺などで測ったらいいかな。もし巻尺がなかったら、長いひもで東京タワーを測ってしるしをつけて、その印と通天閣を比べてみるかな」と、瀬川さんが考えてくれました。
　直接比べることができないので、ひもという仲立ちを用意したのです。このように、仲立ちを使って比べる方法を「間接比較」といいます。また、もののおおよその大きさを知りたいとき、「手のひら何こ分」、「歩いて何歩分」と表すことがあります。このときに単位としたのは、自分の手のひらの大きさや歩幅であり、「自分の体の一部」という個別的なものです。このような単位を「個別単位」といいます。
　しかし、個別単位で測った結果を遠く離れた誰かに正確に伝えることはとてもむずかしいです。測る人によって大きさが変わってしまうかもしれないからです。人間の生活から見ても、生活範囲が小さな集落のなかだけだったら個別単位で測った結果を直接伝えれば十分ですが、行動範囲が広がって交易などが始まると、世界中に通用する単位が必要になります。こ

うして生まれてきた世界に通用する単位を「普遍単位」といいます。現在では、この普遍単位に基づいてものさしや秤がつくられています。

単位は人間がつくりだしたものなので、その成立過程にはいくつかのおもしろい話があります。

日本ではあまり使われていませんが、長さの単位に「ヤード」があります。昔、イギリスにヘンリー1世（1068〜1135）という王様がいました。この王様は、あるとき、自分の鼻の先から指の先までの長さを1ヤードとすると決めました。この単位は、ヘンリー1世の体がもとになっているという点で実に個別的です。同じ鼻の先から指の先までという範囲であっても、人によって微妙に長さが違ってしまいます。それなのに、この王様は自分の体をもとにつくりだした単位を、その権力をもって万人に通用する普遍的な単位としてしまいました。この「ヤード」は、ヤード・ポンド法を採用しているアメリカやイギリスで現在も使われています。ちなみに、1ヤードは0.9144mです。

日本にも、それまで通用していた単位を変えてしまった人がいます。戦国時代の武将である豊臣秀吉（1538〜1598）です。下克上の世界で天下を統一した秀吉は、少しでも多くの税（年貢）をとるために知恵を働かせました。年貢を徴収するには、同じ単位で測る必要があります。秀吉はマスの大きさを統一するときに、ちょっとした工夫を加えました。奈良時代以降、お米を測る一升マスは、縦5寸（＝50分）、横5寸（＝50分）、深さ2寸5分（＝25分）、体積は〈50分×50分×25分＝62,500立方分〉と定められており、マス目をごまかした者は厳しく罰せられました。秀吉は、そのマスの縦と横を1分ずつ減らしてそれぞれ4寸9分（＝49分）にし、その代わり深さを2分増やして2寸7分（＝27分）にしました。縦と横をあわせて2分小さくして、その分を深さで補ったのだから1升マスの大きさは変わらないというわけです。しかし、秀吉のつくったマスは〈49分×49分×27分＝64,827立方分〉となり、1升につき2,327立方分も増えていまし

た。

　こうして、事実上の増税に成功したのです。たし算とかけ算の違いを悪用したといえます。単位を統一させることは、国を公平に治めるために必要でした。また、単位をつくりだしそれを普遍的なものとすることは権力者の力の象徴だったのかもしれません。

　権力者がつくりだした「ヤード」や「マス」に対して、「m（メートル）」は民衆が力をあわせてつくりだした単位です。

　もっとも身近な単位の1つであるメートルは、1789年のフランス革命をきっかけにして生まれました。特権階級からの厳しい支配に対して市民が立ち上がり、共和制を成立させ、近代市民社会の原点の1つとなったものがフランス革命です。革命後、新しく成立した国民議会で、当時バラバラであった単位を統一することが提案されました。フランス革命の記念にしようという意味もあったようです。そのときに長さの単位であるメートル法の基礎も考え出され、パリを通る子午線の北極から赤道までの長さの1,000万分の1を1mとすることが決められました。そして実際に、1792年から1798年にかけて、スペインのバルセロナから北フランスのダンケルクまで、直線距離で1100kmもある区間の測量が行われました。「メートル」が「測る」という意味のフランス語であるのは、実際に測ってつくられた単位なのだからでしょう。

　1799年にはこの測量結果に基づいてメートル標準器がつくられ、1mの原点となりました。現在では、より精度を高め、光の速さをもとに1mを定めています。1983年以降の定義は、「光が真空中で299,792,458分の1秒間に進む距離」となっています。

◆ **はんぱを表す小数**

　単位を使ってものの大きさを表そうとすると、測りきれないはんぱが出

てくることがあります。このようなはんぱを数字で表すにはどうしたらいいでしょうか。2本のテープを使い、一方を基準の1mとしてもう一方を数字で表してみます（**図7－2**）。

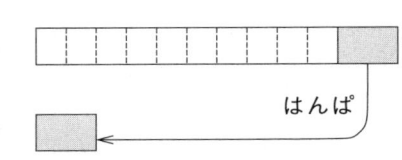

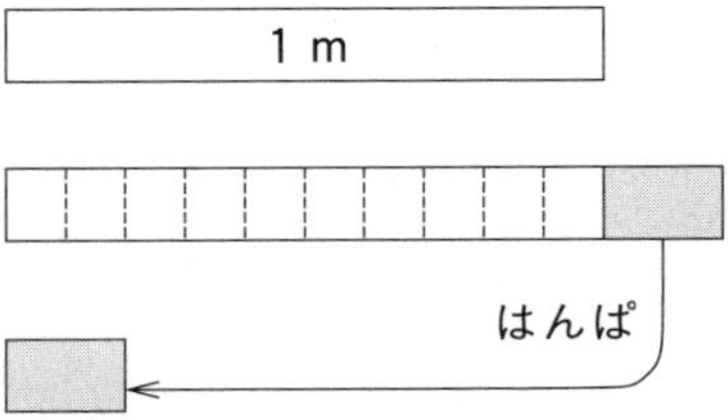

「このはんぱを数字にするのよね……」と、テープとの格闘が始まりました。

「半分より少ないから、0.5より小さいってことかしら……」と、稲垣さんがつぶやきました。半分が0.5になることははっきりしていますが、もっと小さい小数をつくるにはどうしたらいいでしょう。

図7－2　はんぱを測る

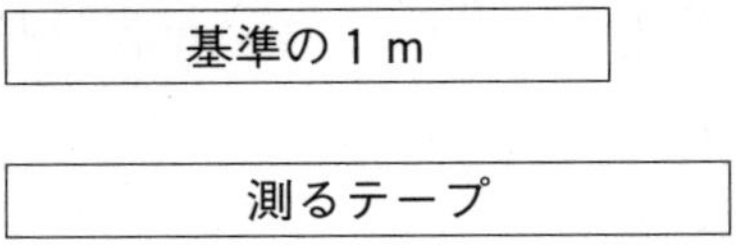

| 基準の1m |

| 測るテープ |

図7－3

| 1m |

はんぱ

　基準となる「1」を10等分したうちの1こ分が「0.1」です。このわけたものでテープのはんぱな部分を測るとちょうど2こ分です。0.1が2こ分で0.2m。つまり、テープ全体の長さは、1mと0.2mをあわせたものなので1.2mとなります（**図7－3**）。

　小数では、1を10等分した長さではんぱを測っていきます。測りきれないときには、0.1をさらに10等分した0.01という基準で測ります。はんぱが出たら、そのたびに基準としていたものを10にわけていくのでこれを「10進小数」といいます。小数は、大きな数の10進位取りと同じ原理をもつ数の表し方です。

「はんぱを表すことが小数の役目なのね。小数っていうと、消費税5％の0.05などのイメージが強くて、はんぱを表すというイメージがあまりないけど……」と、安井さんが首をかしげています。

　消費税などに用いられる小数は、はんぱを表す小数と考え方が違い、率

や割合の考え方になります（第9章を参照）。つまり、小数にはいろいろな顔があるということです。また、小数の考え方は奈良時代に中国から入ってきたのですが、そのころはいまのような表記ではなく、分（0.1）、厘（0.01）、毛（0.001）……といった位取りで表していました。いまでもその名残りはあり、体温の「36.5度」を「36度5分」と言ったりしています。

「あら、"割"はないのかしら。スーパーの広告に1割引、2割引のお買い得品の宣伝があるけど、あれは〈値段×0.1〉をひくことよね。それなら、0.1の位は"割"ですよね」と、矢島さんから疑問が出てきました。

広告やお店などで目にする「割」は、小数ではなく歩合、つまり割合を表すものなのです。商業が盛んになって貨幣経済が浸透した江戸時代に、0.1倍を表すものとして「割」が使われていました。それがいつの間にか小数の位取りのなかに割り込んで、「分」から先が1つずつ小さい位に移動してしまったのです。

小数を現在のように数字を並べて表す方法は、いまから約500年前にベルギーのステビン（1548～1620）という人が考えだしました。当時のヨーロッパには小数の考え方はなく、計算に使われていたのは分数でした。そんななか陸軍の経理部に勤務していたステビンは、給料の支払いや利息の計算などで複雑な分数の計算に毎日頭を悩ませていました。もっと便利な計算方法はないかと日ごろより考えていた彼は、分母を10にした10進分数、つまり小数を考えだしたのです。

ステビンは、5⓪1①6②とか、5̇1̇6̇のように数字の横や上に小数の位を書いて表しました。また、ステビンが考案した小数を改良し、いまのよ

図7－4　小数点の表し方

|  | 日・米・英 | 仏・独 |
|---|---|---|
| 小　数 | 12.345 | 12,345 |
| 10進位取り | 12,345 | 12.345または12　345 |

# ステビン SIMON STEVIN (1548〜1620)

　今日のように、数の代わりに文字を用いた数学の世界をつくり出したのはフランスのビィエタ（1540〜1603）ですが、ビィエタと同じ時代の人である、ベルギーの数学者シモン・ステビンも記号を上手に使いました。たとえば、

$$3x^2 + 4 = 2x + 4$$

という式を、彼は、

$$3② + 4 \text{ egales à } 2① + 4$$

と表しました。egales à というのは「＝」のことなので、3②が（$3x^2$）で、2①が $2x$ ということになります。そして、この②、①という記号は、彼が「小数」を表すのに使ったものと同じなのです。

遠山啓・矢野健太郎編『100人の数学者』（日本評論社、1971年）より

　彼の名が数学史上に残るのは、「小数」の概念を考えだしたことにあります。日本人は大昔から小数に親しんでいますが、かつてヨーロッパではんぱの量は分数で表現していました。そこで、すべての数量を10進法で統一しようとして小数を考えました。いま「12.34」と表しているものを、12⓪3①4②と表し、$12 + \frac{3}{10} + \frac{4}{10^2}$ であると説明しています。「すべての数が０から９までの数字だけで表されるところに特徴がある」と彼は言っていますが、このことは、現代の数学でも重要な意味をもっているのです。

　また、ステビンは、物理学の分野でも有名なアルキメデスの研究を発展させています。その著『つりあいの原理』ではてこの原理の証明をしていますし、『水の重さの原理』のなかでは、容器の形に関係なく水面が地球の球面と同心であるという、水の平衡状態についての力の法則を導いています。

うな書き方を考えたのは数学者のネイピア（107ページ参照）です。彼は一の位の後ろに「．（ピリオド）」や「，（カンマ）」をつけて「5.16」としました。日本やアメリカ、イギリスでは小数にピリオドを使うのが一般的ですが、フランスやドイツではカンマを使って小数を表しています。国によって、小数の表し方が違うのです。どちらかに統一しようという動きもありましたが、カンマとピリオドを併用することが単位を決める国際機関である国際度量衡総会で決定されました。「度量衡」とは、長さ・重さ・体積のことです。小数点にカンマを使う地域では、位取りを表すときにはピリオドを使ったり、数字と数字の間を1マス空けて位取りを表したりします（図7-4）。

◆ はんぱを表す分数

はんぱな数を表すもう1つの方法に分数があります。小数を考えだしたステビンの頭を悩ませた分数は、どのような仕組みなのでしょうか。図7-5のように、テープを2本使って考えてみます。エルダリーコースのみなさんに、一方を基準の1mとしてもう一方を分数にしてもらいました。基準のテープを折ったりはんぱの部分をちぎったり、分数で表す方法を探していきます。そんななか、瀬川さんがちぎったはんぱで基準を測り、テープの長さを分数にしてくれました。
「はんぱ5こ分で基準と同じになったから、はんぱの部分は $\frac{1}{5}$ かな」と、思わず笑顔がこぼれます。
　測りきれなかったはんぱな部分で基準の1mを測ると、ちょうど5回分

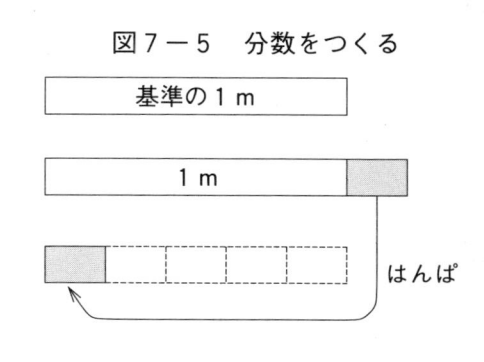

でした。つまり、このはんぱな部分は基準の1mを5こにわけたうちの1こ分ということになり、「$\frac{1}{5}$m」と表すことができます。テープ全体の長さは1mと$\frac{1}{5}$mをあわせたものなので、$1\frac{1}{5}$mになります。このとき、下にある数字を「分母」、上にある数字を「分子」といっています。

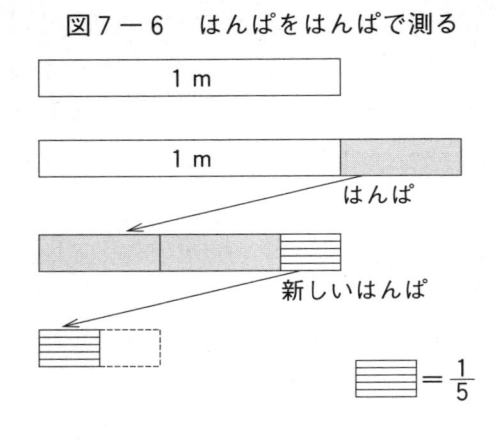

図7-6　はんぱをはんぱで測る

　では、さらにはんぱが出てしまったらどうしたらよいでしょうか。この場合には、新しく出たはんぱでもとのはんぱを測り直します。すると、**図7-6**のようにちょうど2回で測りきれました。

　つまり、新しいはんぱは基準の1mを5こにわけたうちの1こ分（$\frac{1}{5}$）となり、もとのはんぱは新しいはんぱが2こ分で$\frac{2}{5}$mとなります。したがって、このテープ全体の長さは$1\frac{2}{5}$mとなります。この方法は「ユークリッド互除法」と呼ばれ、2つの整数の最大公約数を求めるときにも使われます。

　「分数と小数はつくり方が違うのね。でも、両方とも同じはんぱを表す方法ならば、小数を分数に直したりもできるのかしら」と、安井さんから指摘されました。

### ◆ 小数と分数の関係

　0.1は、基準となる1を10等分したものです。分数として考えてみると、はんぱ10回分で基準となる1mを測りきれるという量です。つまり、0.1 = $\frac{1}{10}$ ということになります。また、0.01が100こ分で1になるので0.01 =

図7－7　小数と分数

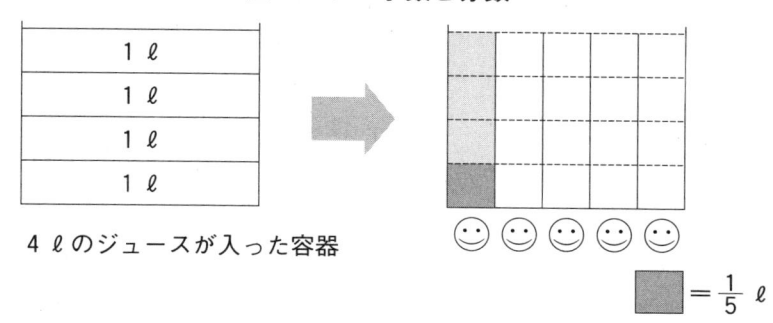

4ℓのジュースが入った容器

$\blacksquare = \frac{1}{5}$ ℓ

$\frac{1}{100}$です。では逆に、分数を小数に直すにはどうしたらいいでしょう。学校で「分子を分母でわる」と習いましたが、どうしてそうなるのでしょうか。

　4ℓのジュースを5人で分けるという問題を考えてみます。小数で表すと〈4÷5＝0.8〉、1人分は0.8ℓとなります。次に分数で考えてみます。

　図7－7のように、ジュースが4ℓ入っているとします。このジュースを5人でわけます。1人分は$\frac{1}{5}$ℓが4こ分。つまり、$\frac{4}{5}$ℓということになります。

$$4 \div 5 = 0.8$$
$$4 \div 5 = \frac{4}{5}$$

　このことから、0.8と$\frac{4}{5}$は等しいということがいえます。したがって、分数を小数で表すには、分子を分母でわればいいということができるのです。

　しかし、分数を全部小数に直せるわけではありません。$\frac{1}{3}$を小数に直そうとしても0.3333333333……と、小数点以下はずっと3が続いてしまいます。これは、$\frac{1}{10}$ずつの新しい単位では$\frac{1}{3}$という量を表しきれないということを示しています。このように、小数点以下に同じ数字が繰り返して続いてしまう小数を「循環小数」といいます。最近、1兆2411億桁まで求

## はんぱの数

　連続量を単位を使って表そうとするとき、測りきれないはんぱが出てくることがあります。そのはんぱを、数字にする方法はいくつかあります。たとえば、1mでは測りきれなかったときは単位を細かくしてcmやmmを使って表すことがあります。このとき、メートルの前についているセンチやミリは単位の接頭語です。メートルを基準にして、$\frac{1}{100}$倍がセンチ、$\frac{1}{1000}$倍がミリです。逆に大きな単位を表すときには、1000倍のキロ（k）をつけてkmとします。単位の接頭語は、基本的にはどんな単位にもつくことができます。重さは「g（グラム）」、水量は「ℓ（リットル）」を基準にします。また、基準の単位で表そうとする場合には、小数や分数を使うこともできます。

　小数を使う場合には、基準となる1を10等分して0.1という新しい基準をつくっていきます。また、はんぱが出た場合には、0.1を10等分して0.01をつくり、0.01では測りきれない場合には、0.01を10等分して0.001をつくる……と、基準を10等分していきます。

　分数を使う場合には、はんぱの部分で基準となる1を測り直します。基準がはんぱの何こ分にあたるかを調べて分数をつくります。

　小数と分数は、はんぱを表すという点で共通しています。そのため、入れ替えて表すことができます。小数を分数に直すときには、0.1＝$\frac{1}{10}$、0.01＝$\frac{1}{100}$と、位が下がるごとに分母を10倍していきます。分数を小数に直すときには、分子を分母でわって表します。分数を小数で表しきれず、循環小数や無限小数となってしまうことがあります。このような数は、10ずつの新しい基準で測りきれないことを表しています。

められた円周率は、同じ数字が続くわけではありませんが永遠に続いてしまうので「無限小数」といいます。

### ◆ 1＝0.9999999999……

　最後に、おもしろい式をご紹介します。1と0.9999999999……が等しくなるという式です。
　$\frac{1}{3}$を小数で表すと、〈1÷3＝0.3333333333……〉という循環小数になります。
$$\frac{1}{3} = 0.3333333333……$$
ここで、両辺に3をかけてみます。
$$\frac{1}{3} \times 3 = 0.3333333333…… \times 3$$
すると、1＝0.9999999999……となってしまいます。
　0.9999999999……は1にかぎりなく近い数ということでしょうか。エルダリーコースのみなさんも、なんだか納得しきれていない様子です。
　今度は1＝0.9999999999……から始めて、証明してみます。まず、0.9999999999……を「R」という文字に置き換えます。循環小数は英語で「Recuring decimal」というので、その頭文字をとって「R」とします。すると、R＝0.999999999……（①とする）となります。この両辺をそれぞれ10倍します。
$$10R ＝ 9.9999999999……　（②とする）$$
②の式から①の式をひきます。
$$\begin{array}{r} 10R ＝ 9.9999999999……\\ -)\phantom{10}R ＝ 0.9999999999……\\ \hline 9R ＝ 9\phantom{.9999999999……}\\ R ＝ 1\phantom{.9999999999……} \end{array}$$
Rはもともと0.9999999999……を文字で置き換えたものなので

$$1 = 0.9999999999……$$

　1と0.9999999999……が等しいことが証明されました。
「結局そうなるのね。言いたいことはわかるけど……」と、みなさん不思議そうな顔をしています。違う数であるはずなのにイコールでつながるなんて……。数字の秘密を垣間見たかのような一瞬でした。

「数字にもいろいろあるのね。読み方がいくつかあったり、分数や小数があったり。表面的なことだけでなくて、一歩入ったところを見てみるとおもしろいわ。計算ができることだけが算数のおもしろさではないのね。仕組みがわかったうえで計算もできるようになれたら、もっともっと楽しくなりそう」
　こんな感想をもってくれた矢島さん、どうやら数の楽しさに触れられたようです。

　今回のエルダリーコースに講師として参加しましたが、改めて算数や数学のおもしろさやむずかしさを知ることができました。また、今まで気にしなかったことまで調べることになり、数の世界の奥深さを少しだけ知ることができたように思えます。
　塾には、学ぶことに困難や障害をもつ子どもたちが遠くから通ってきてくれますが、その授業を支えるために大切なものを、エルダリーコースのみなさんから教えてもらいました。参加された方のように、私も学び続けたいと思います。

No. **8**

# 小数の不思議

**塾長の特別講義**

## 超少ない0.0008％の手取り金利を歩合でいうと……

小笠 毅

割・分・厘・毛・糸…

## ◆ 小数点には気をつけよう……

　ずっと昔、戦後間もなくの小学生時代には珠算塾が町のあちらこちらにありました。「1円なり、2円なり……」と、独特のソロバン読みの口調がどこからともなく聞こえ、乾いたソロバン珠の音がパチパチと町中に響いていました。「小笠は勉強はダメだが、ソロバンはうまいね」と、珠算塾の先生にほめられたことを半世紀も経過したいまも覚えています。
　私の生まれた徳島県の小松島という町では、勉強のできない子どものことを「デキンボ」と呼んでいて、私自身もその1人でした。それだけに、ソロバンはうまかったのですが、学校での算数はまったくパンパラパー。
　その1つが小数の計算。ソロバンでは定位点を指先でちょっと動かせば、あとはほぼ自動的に右手がソロバン珠をはじいていきます。
　たとえば、かけ算で〈5×5〉は25になります。5を5回たせば25になるので簡単にわかるのですが、〈0.5×0.5〉になるとソロバンでは定位点を右に1ずらし、あとは九九で25を置けばいい。だから、こたえは簡単に出ます。でも、珠算塾ではなぜ定位点を右に1ずらしたのかは説明をしてくれません。計算の技術は教えてくれるのですが、「どうして」とか「なぜ」ということよりも、こたえが「0.25」になっているかどうかが問題だったのです。
　ところが、学校ではただこたえが出ればいいというだけでなく、小数点がなぜ動くのか、どうしてこたえの数がかけ算なのに小さくなったかが問われます。応用問題なども、「なぜ」、「どうして」と理解しておかないとわからなくなります。そして、案の定、いま流にいえば"落ちこぼれ"の1人になりました。なまじ珠算初段とほめそやされた成れの果てが、算数・数学大嫌いニンゲンになってしまったというお粗末の一席。
　でも、生きているということはおもしろい出会いがあるもので、そのデキンボが幸か不幸か大数学者遠山啓先生（11ページ参照）とのご縁になる

のですから、人間万事塞翁が馬とはよくいったもの。いまでは、子どもや若者に算数や数学を教え学ぶ《遠山真学塾》を主宰しています。

　小数の計算で人生が変わる人は、おそらく私だけではないでしょう。小数点とそのあとに続く数字の悲喜こもごもは、デフレ不況のなかで生きている大人の方々にもいろいろな形で人間模様を彩っていると思います。身近なところで、金利を例に見てみましょう。英語で興味や関心あるいはおもしろいなどを表現するときに使う「インタレスト（interest）」は、もともと「利子・利息」を表す単語でもあるのですから。

　周知のように、といっても銀行に預金（郵便局では貯金という）をもっておられる方が中心ですが、現在の金利がいかに安いかをご存じでしょう。ホント、"ノミの涙"ほどで次のようになっています。

　　　普通預金の金利　　年0.001％
　　　普通貯金の金利　　年0.005％

　小数点や％（パーセント、百分率）がある数字です。一見、なるほどいまの金利は安いんだなぁ、とよくわかる表示です。実は、これは表面上の金利で、実際の手取り金利はこの金利から20％の税金を控除されますから、次のようになります。

　　　普通預金の手取金利　　年0.0008％
　　　普通貯金の手取金利　　年0.004％

　預金と貯金を比べると、1桁違うことがわかります。これはこれですごいことですが、なんせ小数点以下にだいぶ0が並ぶのでそれほどすごいという実感はないでしょう。

　さらに、この小数点は「ふつうの小数点」と違うことにお気づきでしょうか。「ふつうの小数点」とは、整数のあとに続く小数第1位の前につく点のことです。ずっと昔の記憶をたどっていくと、円周率は3.14とか$\sqrt{2}$

は「ひとよひとよの1.414」とかとあったでしょう。このときの3.14とか1.414の小数点は、点の前の3とか1とかが整数の1の位ですから、小数点のあとが小数第1位とか第2位とかといわれる小数部分です。ということは、小数第1位は整数の1の位を10にわけた1つ分を表し、小数第2位は100にわけた1つ分を表していますが、これは単位のない数字にいえることです。

　これとは異なり、普通預金や貯金の利息には、数字の最後に「％」がついています。小数点の単位が「％」を表しているということは1％が0.01ということですから、0.001％とは、なんと小数で表せば0.00001、手取金利になると0.000008、つまり小数第6位を示す数字なのです。もういちど整理してみましょう。

　　　普通預金の手取金利　0.0008％＝0.000008
　　　普通貯金の手取金利　0.004％＝0.00004

　100万円のお金を1年間普通預金に入れて、満期日にたったの8円の利息がつく。ホント超低金利時代なのだなぁ、と実感できますが、先進国のなかでは段違いの低さであることを知っておかれるといいでしょう。ちなみに、「サラ金」の30％もの金利と比べると、なんと3万倍も違うってことです。貧乏人は、ますます貧乏人になっていくのです。このように小数の計算では、いま金利で見たように、小数点が何を表しているかを考える必要があります。


◆ **小数の計算**

　同じ単位どうしのたし算やひき算では、小数点の位置に気をつけるように教えましょう。とくに、横書きの計算を縦書きの計算に直すときには注意が必要です。

1 m ＋ 2 m ＝ 3 m
1 cm ＋ 2 cm ＝ 3 cm
0.1m ＋0.2m ＝0.3m
0.1m ＋0.02m ＝0.12m

```
  0.1
+0.02
─────
 0.12
```

異なる単位では、基準にしたい単位に注意します。

1.2m ＋40cm    1.2m ＋40cm
＝1.2m ＋0.4m    ＝120cm ＋40cm
＝1.6m（mを単位）  ＝160cm（cmを単位）

2.3kg ＋0.83kg ＝3.13kg  （kgを単位）

```
  2.3
+0.83
─────
 3.13
```

2.3kg ＋830 g
2300 g ＋830 g ＝3130 g （gを単位）

```
 2300
+ 830
─────
 3130
```

次に、小数のかけ算を考えてみましょう。たし算やひき算とは異なり、いくつかの注意が必要になります。まず、第1のポイントは、かけ算の意味がちゃんとわかっているかどうかです。すでに見てきたように、かけ算の意味は〈1当たり量×いくつ分＝全部の量〉というものです。

第2のポイントは、かけ算九九をしっかり使えることです。小数の計算でも九九は変わりません。子どもを安心させてあげてください。

第3のポイントは、小数点の移動です。これがたし算やひき算とまったく異なるだけに、その分ややこしい計算になります。それだけに、「なぜ」、「どうして」小数点を動かすのかを図解しながら理解させて納得させる必要があります。

では、小数のかけ算で文章問題を考えてみましょう。

【問題1】　1㎡当たり2.5ℓの水を、3㎡の庭にまきたいと思います。全部で何ℓの水が必要ですか。

【考え方】　2.5ℓ/㎡×3㎡＝7.5ℓ

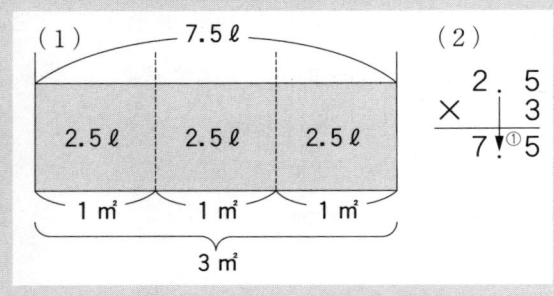

(1)　7.5ℓ
　2.5ℓ　2.5ℓ　2.5ℓ
　1㎡　　1㎡　　1㎡
　　　　3㎡

(2)
　　2.5
　×　　3
　　7.⓵5

　このように小数と整数のかけ算では、小数点はそのままこたえと同じ位置になります。ここでは、とくに単位に注目してみましょう。

$2.5ℓ/㎡ × 3㎡$

$= \dfrac{2.5ℓ}{1㎡} × \dfrac{3㎡}{1}$

$= \dfrac{2.5ℓ}{1㎡_{⓵}} × \dfrac{3㎡^{⓵}}{1}$　（被乗数の分母の㎡と乗数の分子の㎡は同じ文字なので約分すると「1」になる）

$= 2.5ℓ × 3$

$= 7.5ℓ$

　その結果、残った単位の「ℓ」がこたえの単位になります。なるほど、㎡どうしは約分して1になりますが、これは文字式という中学数学の考え方や約分の考え方をしっかりと応用しているので、ちょっとむずかしくなります。

【問題2】 1m²当たり2.5ℓの水を、3.2m²の庭にまきたいと思います。全部で何ℓの水が必要ですか。

【考え方】 かける数もかけられる数もそれぞれはんぱのある帯小数の問題ですが、式は**問題1**と同じです。

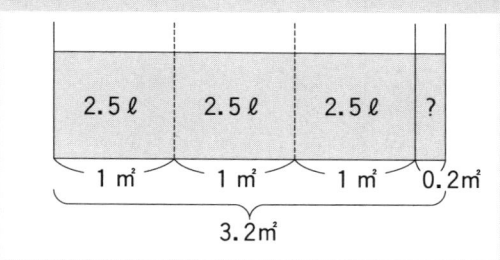

2.5ℓ/m²×3.2m²＝

この0.2m²部分の水の量がわかりません。そこで、1m²を10にわけた2つ分（これが0.2m²のこと）に拡大して描きなおしてみるとアミの部分であることがわかります。

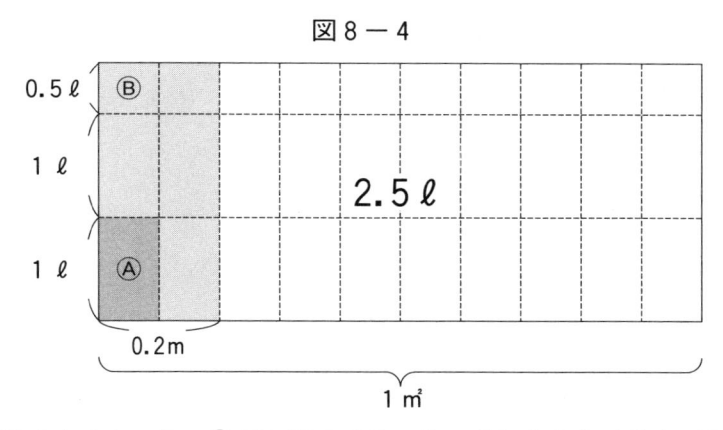

図8－4

Ⓐが0.1ℓで4つ分、Ⓑが0.05ℓで2つ分、それをあわせると〈0.1×4＝0.4〉＋〈0.05×2＝0.1〉となり、全部で「0.5ℓ」となります。

こたえとなる総数は、3㎡分が7.5ℓ、0.2㎡分が0.5ℓ、あわせて8.0ℓになります。

では、2.5×3.2を筆算で計算してみましょう。

```
    2.5           2.5①
  × 3.2         × 3.2②
  ─────         ─────
    5 ¹0         8.00
  7 ¹5            ② ①
  ─────        小数点を
  8 0 0         打つ
```

この800の計算結果と前述の図解とをドッキングすると、計算のこたえの下2桁の前に小数点を打てばいい。つまり、8.00ℓと同じ数字になります。なお、もともと被乗数も乗数も小数第1位ですが、こたえは8.00ℓと小数第2位まで出しておきましょう。なお、小数点以下の00については、問題によっては「8.00ℓ」と表記することもあります。これはそのときどきの小数の計算で、「有効数字」を小数点以下何桁まで求められているかによって、こたえの桁数も変わってくるということです。

たとえば、いまの消費税は5％ですから、小数で表すと0.05となります。定価表示が外税型の場合、255円のケーキを買うと〈255×0.05＝12.75〉と、小数点以下2桁の税額がでます。

では、実際にお店に支払う額はどうなるか。当然、小数点以下の数字（75銭のことですが）が、円の単位まで切り上げられるか、切り捨てになるかが問題になります。ここで、「有効数字」の考え方が大事になるのです。多くのお店は、〈255円＋12.75円〉で、小数点以下を四捨五入や切り上げをして268円にするでしょう。結果的に消費者は、0.25円＝25銭分を余計に支払うことになり、損をすることになるのです。小数って、ホントこわい計算ですね。

【問題3】 1m²当たり0.5ℓの水をまきたいと思っています。ただ、家の庭は0.5m²しかありません。全部で何ℓの水が必要ですか。

【考え方】 ずっと昔、私がソロバンをしているときに疑問に思った問題です。でも、こう考えるとなるほどとわかってきました。

1m²当たりに0.5ℓだとすると、0.5m²の小さな庭は、ちょうどその半分の0.25ℓの水でいいことが容易に理解できます。図解をすると、Ⓐがこたえの水の量になります。

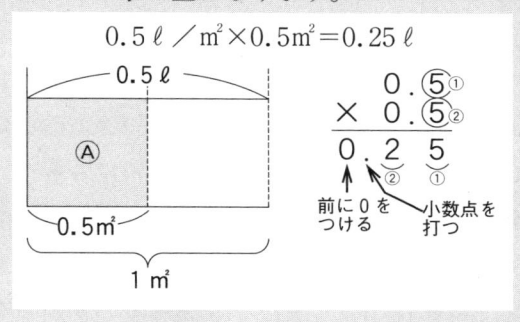

$$0.5ℓ/m² × 0.5m² = 0.25ℓ$$

筆算にすれば、**問題2**のところで一般化した約束事をそのまま使うことができます。この場合は、小数第2位まで求めておかなければなりません。なるほど、小数どうしのかけ算では、こたえの数がかけあう数よりも小さくなる理由はこういうことだったんですね。

◆ 「小数」を英語でいうと……

ところで、「小数」を英語でなんというかご存じでしょうか。小さいは「スモール」、数は「ナンバー」だから「スモール・ナンバー」かな、と知っている単語を並べてもアメリカやイギリスでは通じません。なんと、「デシマル・フラクション（decimal fraction）」、小数点のことを「デシマ

ル・ポイント」というのだそうです。「デシマル」とは「10進法」、「フラクション」は「分数」のことですから、日本語になおすと「10進分数」とでもいうのでしょうか。前章でも触れているように、なんといまだ小数点が「コンマ」か「ピリオド」かをめぐって、なおコンセンサス（合意）が成り立たないのですから人間社会っておもしろいですね。

　もう１つ、欧米諸国の話ですが、かけ算のことを「マルティプリケーション（multiplication）」というのです。「マルティプル」とは「産めや増やせ」のこと。だから、かけ算は増えることしか意味しない計算です。でも、すでに見てきたように、小数や分数のかけ算ではこたえがかけた数やかけられた数よりも小さくなることがあります。ここがむずかしいところです。

　いまでこそ、小数の計算は計算機やコンピュータで簡単にできるようになりました。もともと小数の計算に不慣れであったことや12進法という小数には不向きな数体系の文化的背景の違いもあって、「コンマ」か「ピリオド」かなども英米派と大陸派との対立になってきたのかもしれません。ちなみに、日本は初めから「ピリオド」を使っている国の１つです。いまさら「コンマでもいいよ」っていわれても、「はい、そうですか」って気楽な返事はできないでしょう。

　ついでにもう１つ。フランスでは小数点を、いわゆる「中黒」、「2・3」のようにつけるんだそうです。となると、〈2×3〉というかけ算も大陸系では〈2・3〉と書くので、小数点なのかかけ算の記号なのかがわからなくなるってことになります。ところ変われば品変わるとか、ホント世界は広いですね。閑話休題。

## ◆ 小数のわり算（小数÷整数）

　わり算には、１つが「等分除」といって１当たり量を求めるものと、もう１つが「包含除」といっていくつ分を求めるものがあります。くわしく

は、「第5章 わり算」のところをご参照ください。

　小数のわり算のチェックポイントは、1つはこたえの商の小数点の位置をどう見つけるか、もう1つは、あまりの小数点の位置をしっかり確定することの2点です。計算の技術や手法は、「第5章 わり算」のところとまったく同じですのであわせてご参照ください。

　ここでも、小数のわり算の文章問題を手掛かりに考えていきましょう。

【問題4】　全部で2.6ℓの水を4㎡の庭にまきました。1㎡当たりは何ℓまいたことになりますか。

【考え方】　これは1㎡当たりの水の量を求める計算ですから、等分除の問題です。

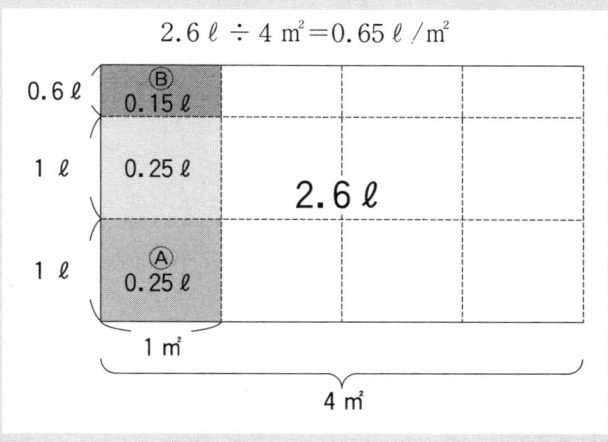

$$2.6 ℓ \div 4 ㎡ = 0.65 ℓ/㎡$$

| | | | | |
|---|---|---|---|---|
| 0.6ℓ | Ⓑ 0.15ℓ | | | |
| 1ℓ | 0.25ℓ | | 2.6ℓ | |
| 1ℓ | Ⓐ 0.25ℓ | | | |
| | 1㎡ | | | |
| | | 4㎡ | | |

　図をあわせたアミの部分が1㎡当たりの水の量です。図のⒶは、1ℓを4つにわけた1つ分ですから〈1÷4＝0.25ℓ〉、それが2つ分あるので「0.5ℓ」となります。さらに、図のⒷの部分が0.6ℓを4つにわけた1つ分なので0.15ℓですから、あわせると〈0.5＋0.15＝0.65ℓ〉となります。

　では、筆算ではどうなるでしょうか。

```
      6 5              0.6 5
  ┌──────           ┌──────
4 )2.6 0          4 )2.6
  -2 4              -2 4
  ───               ───
    2 0               2 0
   -2 0              -2 0
   ───              ───
     0                0
```

　小数点を無視して計算すると上の式のようになります。図解のこたえが「0.65ℓ」ですから、こたえ（商）の小数点の位置は、被乗数（わられる数）の小数点をそのまま商の位置に上げればいいことがわかります。そして、小数点の前に整数第1位が「0」であることをちゃんと示しておけば「0.65」という商が出ます。つまり、整数でわるときの商の小数点は、被乗数の小数点の位置がそのまま上がればいいことがわかります。なお、「2.6」は「2.6000……」と小数の位が「0」で埋めつくされていることを確認しておきます。

　今度は、あまりの出るわり算をやりましょう。

【問題5】　2.9ℓの水を3m²にまきました。1m²当たりは何ℓまいたことになるでしょう。

【考え方】　これも1m²当たりの水の量を求める計算ですから、等分除の問題です。

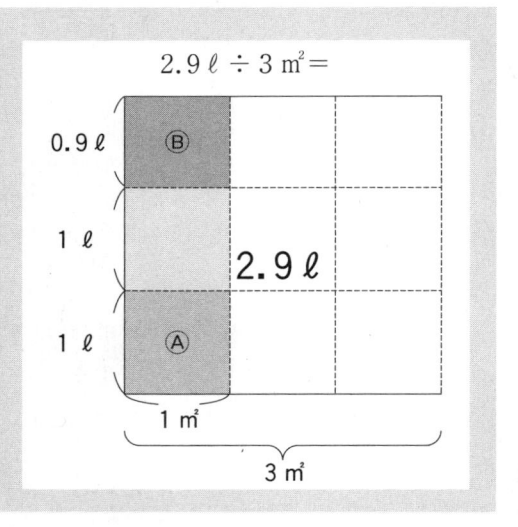

$2.9ℓ ÷ 3m² =$

0.9ℓ　Ⓑ

1ℓ

1ℓ　Ⓐ

2.9ℓ

1m²

3m²

図のⒶは実は1ℓを3つにわけた1つ分ですから、「0.3333……」と無限に続く循環小数になります。これが2つ分で「0.6666……」とⒷの部分は0.9ℓを3つに分けた1つ分が0.3ℓですから、〈0.6666……＋0.3＝0.9666……ℓ〉のように、ちょっと困った計算となります。これを、筆算に直して計算してみましょう。

$$
\begin{array}{r}
9\,6\,6\cdots \\
3\,)\,\overline{2.9\phantom{000}} \\
-2\,7\phantom{000} \\
\hline
2\,0\phantom{00} \\
-1\,8\phantom{00} \\
\hline
2\,0\phantom{0} \\
-1\,8\phantom{0} \\
\hline
2\phantom{0}
\end{array}
$$

　小数点の位置を上げると0.9666……、これではどこまでも続きますから、どこかでストップをかけてみましょう。小数第3位までこたえを求めるとすると、下のような計算となります。

$$
\begin{array}{r}
0.9\,6\,6 \\
3\,)\,\overline{2.9\phantom{000}} \\
-2\,7\phantom{000} \\
\hline
2\,0\phantom{00} \\
-1\,8\phantom{00} \\
\hline
2\,0\phantom{0} \\
-1\,8\phantom{0} \\
\hline
2\phantom{0}
\end{array}
$$

ちょうど、小数第3位のところであまりが「2」になりました。だから「あまり2」というわけではありません。このあまりの「2」は整数の「2」ではなく小数第3位の「2」ですから「0.002」なのです。ということは、あまりの場合も被除数（わられる数）の小数点がそのまま下がってくるということになります。ここが、子どもにはむずかしいところです。もういちど、筆算を完成しておきましょう。これで、こたえは1㎡当たり0.966ℓとあまり0.002ℓ（小数第3位まで）となります。

　小数どうしのわり算では、こたえ（商）の小数点の位置とあまりの数字の小数点の位置に注意する必要があり、整数でわる場合に比べてむずかしくなります。それだけに、あらかじめこたえがおおよそどのくらいになるか、あまりの数字の小数点は、被除数（わられる数）の小数点に注意するのだぞ、と意識しながら計算にとりかかることが大切です。

```
            0.966 … 0.002
         ┌─────────
      3 )  2.900
          -1 8
          ─────
             2 0
           - 1 8
           ─────
               2 0
             - 1 8
             ─────
              0.002
```

### ◆ 小数どうしのわり算

　次に、除数（わる数）も被除数（わられる数）も小数どうしの文章問題を考えてみましょう。

# No 8──小数の不思議 • 161

【問題6】 3.2ℓの水を2.5m²の庭にまきました。1m²当たりの水の量は何ℓになるでしょう。

【考え方】 この問題では、整数部分どうしを見ると〈3÷2〉ですから、およそ整数の「1」と小数部分にいくらかだと見当がつきます。図解をしてみましょう。

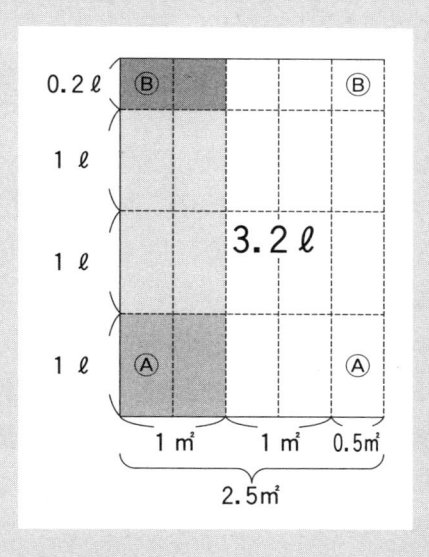

```
0.2ℓ  Ⓑ           Ⓑ
1ℓ
1ℓ           3.2ℓ
1ℓ    Ⓐ           Ⓐ
      1m²  1m²  0.5m²
         2.5m²
```

1m²当たりを求めるのですから、まずⒶの部分がいくらになるかを見ると、このままではすぐにはわかりません。0.5m²のはんぱがありますから、この部分に何ℓまかれたかを考えておいて、それが1m²にいくつあるかを見てみましょう。

まず、はんぱの0.5m²が2.5m²のなかに5つあるので、0.5m²には〈1÷5＝0.2〉、つまり0.2ℓの水がⒶの部分にまかれたことがわかります。それが1m²のなかには6つ分あるので〈0.2×6＝1.2ℓ分〉あり、さらにⒷの部分の1つ分が〈0.2÷5＝0.04ℓ〉ですから、1m²当たりでは〈0.04

×2＝0.08ℓ〉となります。そして、両方をあわせるとアミをかけた部分の合計は〈1.2＋0.08＝1.28ℓ〉となります。これを筆算で求めてみましょう。

(式16)

```
              1.2 8
        2.5 ) 3.2
             -2 5
              7 0
             -5 0
              2 0 0
             -2 0 0
                  0
```

数字の計算で見ると上のようになりますが、すでに見たように、このこたえは「1.28」です。小数点の位置がわられる数の元の位置から右に1桁だけ下がって、「1.28」にすれば図解と等しくなります。一般化すると小数点のある除数の場合は、被除数の小数点の位置を除数の小数点以下の数字の個数分だけ下げたところから、商の小数点の位置に上げればいいということです。いくつかの例を示しておきましょう。

(式17)

4 ) 3.5    4.5 ) 3.5    4.56 ) 3.500

では、小数のわり算のあまりはどうなるでしょうか。すでに〈2.9÷3〉の例題【Q2】で見たように、被除数（わられる数）の小数点の元の位置を動かさないで、そのままあまりの小数点にするのです。この場合、こたえ（商）を小数第1位でいいのか第2位まで求めるのか、あるいは第3位まで出すのかという「小数の目」が必要となります。

## ◆ 小数はむずかしい

初めに紹介したように、金利や利息の計算では、日常生活においてはまったく考えられないような小さな小数が使われていますし、消費税5％を小数に直すと0.05と、それなりに細かい計算になります。その消費税もいままでは外税といって本体価格に5％をかけた計算方法でしたが、2004年4月からは消費税が内税になり、本体価格と税金との区別もむずかしくなってしまいました。

表8－1　小数除法計算の学年別誤答率

(％)

| 問題 | 小6 | 中2 | 高1 |
|---|---|---|---|
| 22.68÷7 | 5.3 | 10.6 | 6.5 |
| 29.65÷8 | 29.4 | 72.5 | 37.9 |
| 30.6÷0.68 | 16.8 | 23.4 | 14.4 |
| 56.3÷6.7 | 43.9 | 83.9 | 78.4 |
| 0.26÷1.04 | 17.9 | 19.4 | 9.2 |
| 0.41÷0.64 | 48.5 | 84.3 | 83.0 |
| 27÷12.5 | 23.7 | 23.4 | 17.7 |
| 16÷0.23 | 61.1 | 88.6 | 84.3 |

ところで、数年前に「信濃毎日新聞」が長野県で調査した「小数のわり算」の結果を報じていました。表8－1の数字は、学年別の誤答率、つまり間違った子どもや若者の比率ですから、お間違いなく⁉

いちばん下の欄にある〈16÷0.23〉を見ると、小学6年生が61％、100人中61人ができなかった。中学2年ではなんと88.6％で、ほぼ9割がアウト、そして高校1年生も84.3％と、どうしてこんなにできないのかと不思議に思われる方も多いでしょうが、みなさんはいかがですか。

もう1つ、〈0.41÷0.64〉などもどうでしょうか。小学6年生が半分近くの間違いであったのですが、中学生や高校生に成長した結果が、なんと83.4％の誤答率と倍加するのですから、いったい何を勉強してるんだといいたくもなります。でも、大きな声ではいえないのですが、「大人になったからちゃんとできるのか」と問われればどうでしょうか。

そこで、とりあえずはこの2つの問題の正解を示しておきましょう。

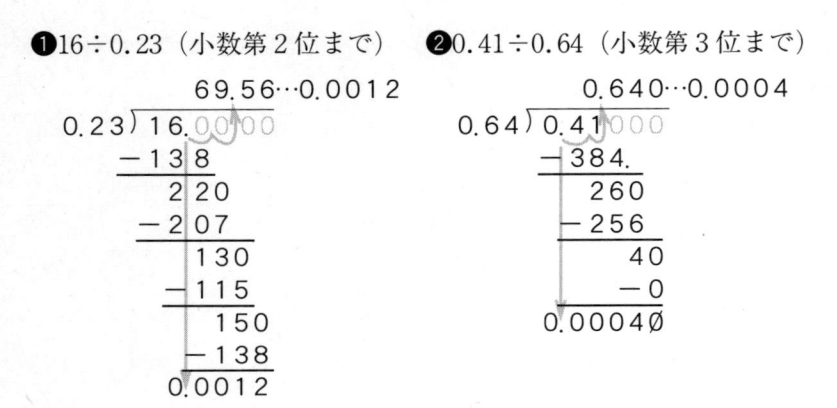

❶ 16÷0.23（小数第2位まで）　❷ 0.41÷0.64（小数第3位まで）

```
           69.56…0.0012                    0.640…0.0004
    0.23)16.00 00                   0.64)0.41 000
         -138                             -384
           220                              260
          -207                             -256
           130                               40
          -115                               -0
           150                            0.00040
          -138
           0.0012
```

　実は、小数のわり算ではどうしてもあまりが気になるところから、たとえば小数第2位までのこたえを求める場合には、第3位を四捨五入するといったことが日常的に行われています。ご存じのように、「四捨」は第3位が4以下の数字なら切り捨て、「五入」は同様に5以上の数字なら前の位に切り上げていくことをいいます。

　しかし、これも考えてみると不平等な取り扱いです。切り捨てられるのが、1、2、3、4の4こに対し、切り上げは5から9までの5こですから、どちらかというと切り上げることが多いわけです。それでも、昔から四捨五入を基準にしているところがありますから、「日本人は不思議だなぁ」と思います。

　英語では、たとえば「6.526」を小数点以下第3位で四捨五入することを「round 6.526 off to two decimal places」と書きますが、私たちの「四捨五入」といった語感はないようです。だいたい、欧米諸国では「小数」というより、この英文にもあるように「decimal」といって10進法と表現するわけですから、ちょっと日本人の思い入れとは違うってことです。

## ◆ 小数文化圏――日本

　このように小数を中心に見てきましたが、その使用方法で便利なところがだんだんとはっきりしてきました。まず、小数の使いやすさを考えてみましょう。なんといっても、日本は小数文化圏にあるのですから。

　1つは、私たちの日本語のなかに、小数そのものを意識しないでしょっちゅう用いられている事実や現実があります。たとえば、「半分」とは「0.5」のことです。「五分五分」とは相互に「0.5」ずつわけたことから、対等とか平等といった意味をもっています。「8掛け」とは「0.8」をかけ算したことで、多くの場合は「20％引き」を表しています。男性の髪型で「シチサンにわける」といえば、頭の髪全体を1として「0.7」と「0.3」、七分三分にわける整髪スタイルだし、女性の服で七分袖というと、腕の長さを1として0.7分の長さの袖をいうとか、ご飯のときの腹八分目なんていう表現も日本的な小数のいい方です。

　もう1つ、同じはんぱを表す分数で0.5を表すときには、$\frac{1}{2}$、$\frac{2}{4}$、$\frac{3}{6}$……といろいろな表記の仕方がありますが、小数ではきわめてシンプルにどんなときにも「0.5」と表現できます。つまり、それだけ間違いを予防する効果があるということです。分数は複雑な表示をしますので、その意味を読みとるときに、分母や分子の要件を考えさせられるということです。だから、前述のように日本語化するのがむずかしいのではないのでしょうか。

　さらに、小数からいろいろなバリエーションが日本の文化や教育、科学などに影響してきました。なかでも「歩合」の考え方は、中国生まれの小数文化を完全に定着させたものの1つです。

　今日、「割分厘毛」という小数から生じた歩合の機能は、日本語としても貴重な役割を果たしています。野球のイチローさんの打率が3割5分とか、タイガースの勝率が6割8分とかと日常茶飯に話題になります。割は、

小数第1位、分は小数第2位、厘は小数第3位を表しているのですが、「イチローさんが0.35」とか「松井選手が0.3」だとは誰もいわないでしょう。「3割打者」という語感の心地よさは日本語ならではです。

　ただ、現在の学校ではせいぜい「割分厘」ぐらいまででおしまいとなっています。その結果、それからあとの歩合の豊かな表現についてはほとんど知られていませんが、けっこう日常会話で使っている熟語もありますので、以下に紹介しておきましょう。

割、分、厘、毛、糸、忽、微、繊、紗、塵、挨、渺、漠、模糊、逡巡、須臾、瞬息、弾指、刹那、六徳、虚、空、清、浄

　なんと、「浄」は「0.00000000000000000000001＝$\frac{1}{10^{23}}$」になります。
　第3の注目は、百分率や千分率などの％、‰といった欧米諸国の文化もまた小数から生じた単位といっていいでしょう。消費税5％とか降水確率50％とかは、すでに「パーセント」という外来語が完全に日本語になっています。また最近では、「パーミル」という千分率（‰）がいろいろなところで用いられるようにもなりました。50％は5割と同じですから小数第1位0.5を表し、5％は5分で小数第2位の0.05を表していることはご承知の通りでしょう。

　そういえば、初めに紹介した普通預金の利息はどうでしょうか。0.001％を小数にすると0.00001、手取で0.000008。これを歩合でいうと、なんと「8忽」といいます。ホント、嫌になってしまうぐらいに少ない利息です。

　最後に、江戸時代のお金について、ちょっとかわった小数を紹介しておきましょう。あの、遠山の金さんや水戸のご老公の時代にも通用していた1両とか1分銀、あるいは一文無しの一文とかもちゃんと両替機能をもった通貨だったことは周知の通りですが、現在のような10進小数ではありませんでした。しかも、いまでもサラリーマンの方なら「賃金」と書いて

「ちんぎん」といっているように、江戸は「金」、大阪や京都の上方では「銀」が中心の経済でしたから、同じ「1両」の換算率が違っていたのです。テレビでおなじみの悪徳両替商は、この「金」と「銀」との差益で儲けていたわけです。

1両が4分、1分が4朱、1朱250文という四進法を中心にした小数体系だっただけに、庶民はなかなかお金を計算するのがたいへんでした。しかも、金貨や銀貨は重さや品位に違いがあって、実際の交換比率は複雑でした。両替屋では、1つ1つの目方を量って取引をしていたようです。

ちなみに、当時の1両は現在の3〜4万円前後の貨幣価値だったそうですから、千両箱は1つで3000〜4000万円ぐらいになります。それにしても、テレビの時代劇では盗賊が軽々かついでいますよね。

では、小数の欠点というか短所というか、使いにくさはどうでしょう。何よりも、数字が長くつらなってしまうところです。「浄」のところでも見たように、0の行列となると書くのも読むのもたいへんです。

もう1つ、1mを3つにわけると$0.3333\cdots\cdots=0.\dot{3}$と無限に続く、これまた3の行列になります。分数を使うと$\frac{1}{3}$、しかもすっきりします。小数の使いづらさがこういうときにわかります。

まだまだたくさん指摘できますが、最後にいっておかなければならないのが計算の面倒くささです。小数点の移動を常に気にしなければいけないですから、長野県のデータではありませんが、みんな忘れてしまうわけです。これからは、小数の特徴を生かせるものと分数のいいところを相互にミックスして考える力が、現代・未来に生きる私たちに課されているようです。お互いにがんばりましょう。

No. **9**

# 割合の不思議

### 横田さんのかんげき

## 消費税は高いか安いか

小笠 直人

## ◆ 数字の役割

　これまでエルダリーコースでは、数について、計算を含めていろいろな角度で話をしてきました。その軸となったのは、ものの個数や長さや重さなどの量を表す数としてのものでした。もちろん、これは数の役割として非常に大切なものです。しかし、もう1つ大切な役割があります。それは、日常生活においても密接に関わっているものです。たとえば、海外旅行に出かける場合に必要なものです。旅行に行くときにはいろいろな準備をするわけですが、そのなかでも、もしかしたらいちばん大切なものかもしれません。いまはクレジットカードやトラベラーズチェックなどがあればある程度対応できますが、「やはりこれがないと」というものです。
「なんだろーなー。やっぱり英語かな？」
　たしかに、英語も必要です。でも、"これ"は英語が話せる人もそうでない人も絶対に必要となるものです。ヒントは、先ほど言った"クレジットカード"と"トラベラーズチェック"と同類のものです。
「そうかっ!!　現金か!!」
　そうなんです、現金です。やはり、これがないと何も始まりません。でも、海外で日本の通貨「円」は使えません。そこで、必要となるのが両替です。たとえば、アメリカに行くなら「円」から「ドル」に替える必要があります。これは日々変動しているもので、ニュースなどではよく「為替」という表現で登場します。このように、外国のお金と交換することを何というかご存じですか？
「ボクは元銀行員だから、さすがにこれぐらいは知ってるな。外国為替でしょ。略して『外為』」
　さすがに、元銀行員の和田さん。では、昨日の円相場は1ドルいくらだったでしょう。
「あんまりボクばっかり言っちゃうとほかの人がしゃべれないから、しば

らくボクは遠慮しておくよ」
　和田さんのお気遣いで、隣の佐々木さんがこたえてくれました。
「たしか、昨日の終値は1ドル＝110円20銭だったはず。一昨日に比べると、若干円高になっているみたい」
　このように、現在の円相場は「1ドル＝○○円」というようにドルを軸にして考えます。これは円相場にかぎらず世界共通で、世界中のお金の価値はドルを中心として考えられています。そこで、ドルのことを「基軸通貨（Key Currency）」といいます。
　先ほど佐々木さんに言っていただいた「1ドル＝110円20銭」は何を意味しているかというと、「ドルから円（円からドル）に交換するときの比率」ということです。このことを、「外国為替相場」といったり「外国為替レート（rate）」といいます。ここで、この「rate」ということばに注目してみましょう。みなさんのお手元に英和辞典を用意しましたので、この意味を調べてみてください。
「この辞書では、『rate』は『割合』が最初にきていて、そのあとに『比率、歩合』と続いているわ」
　ほかのみなさんも、やはり最初に「割合」ということばがきているようです。どうやら、「rate」の意味は「割合」にありそうです。ということは、この円相場、実は割合の考え方で成り立っているのです。このように「割合」ということばは、日常生活の至るところで使われているのです。

## ◆ 割合ってナニ？

　「割合」は、子どもにはなかなかとらえどころのない数と思われています。ことばを換えれば、「ハッキリしないためにわかりづらい」ということで、多くの子どもから煙たがられているのかもしれません。では、なぜとらえどころがないのでしょう。

こたえは簡単です。割合を表す数は、ものの個数や長さなどの量を表す数と違って見えないからです。つまり、具体的な形として存在しないといえます。とすると、何を意味しているのでしょう。日常生活のなかでどんなときに「割合」ということばを意識するか、もしくは使うか考えてみましょう。稲垣さん、どうでしょう。
「ん～、どうなのかしらね。改まってこんなふうに聞かれると思いつかないわ。どうかなぁ」
　たとえば、テレビのクイズ番組で思ったよりむずかしい問題が出たとき、「このクイズ、割合むずかしいな」と言ったりします。このように、「割合〇〇だ」という表現を用いることがあります。
「なるほどね。確かに、そういう表現で『割合』っていうことばを使うことはあるわね。でも、ほかにも何かあるのかな？」と、稲垣さんはどうやら興味が湧いてきたようです。
「『割合』っていうことばはそんなに使わないけど、『割と』っていう表現はけっこう使うわ」と言ってくれたのは安井さんです。そして、「たとえば、この料理は割とカンタンだったわって、夕食のとき、ダンナに言うことがあるわね」と、ことばを続けてくれました。
　なるほど、日常会話では「割合」と「割と」ということば、同義語として使っていることが多いようです。さて、この「割合と（割と）」ということばは、「思ったより」ということばに置き換えることができます。先ほどの安井さんのたとえでいうと、「この料理は思ったより簡単だったわ」となります。つまり、以下のようなプロセスとなります。
　　❶テレビなどで料理の情報を得る
　　❷いままでの料理経験から考えると、この料理はむずかしそう
　　❸つくってみたら「思ったより」むずかしくない

　もうちょっと簡単にいうと、一見むずかしそうだけどやってみたら簡単

だったということです。経験から判断したことと、実際にやってみたこととを比べているのです。そこから、「思ったより」ということばが生まれています。

「思ったより」ということばは、「割合」と同じ意味で考えています。ということは、「割合」とは「あるものとあるものを比べること」ということができそうです。

先ほどの為替レートでもういちど考えると、1ドル＝110円20銭は「円とドルを比べると、1ドルと110円20銭とは同じ価値がある」となります。このように割合とは、2つ以上のものを比べて初めて使えることばなのです。

「そうか、さっきから出ている『割合と』とか『割と』ってことばは、無意識のうちに自分のなにかの水準と比べて使っていたのね。割合って、奥深いのね……」

日常会話のなかで使うこの割合は、自分のなかの基準でものごとを測り、その結果と比べていることがよくあります。「比べる」という漢字は、人と人が並んでいる象形文字が、この漢字のルーツだそうです。

## ◆ 割合その①──比

割合というものが、「2つ以上のものを比べる」ときに用いられるものだということはわかっていただけたかと思います。しかし、先ほどの料理の話だと、まったく数字が出てきません。それは自分の経験による判断だからです。これは数値化しようにもなかなかむずかしいものです。そこでここでは、為替レートを使って「比」というものを考えてみましょう。

昨日の為替レートは1ドル＝110円20銭でした。では、これを比を使って表すとどうなるでしょう。

「ちょうどいま孫が『比』の勉強をしててさぁ、おじいちゃんわかんない

よ、ってすぐ来るんだよ。『こんなこともわからんのかっ!!』って喉元まで出かかるんだけど、きのうも『：』っていうマークを何っていうのって聞くんだよ。この為替レートの場合だと、〈1ドル：110円20銭〉となるのかな」と、和田さんがこたえてくれました。

　その通りです。この為替レートも比の記号を使って表すと、〈1ドル：110円20銭〉となります。

　この比は、2つ以上のものの量を比べるときに使い、それぞれの大きさを表しています。さらにくわしく見てみると、この為替レートでは1ドルを基準とし、円がどの程度の価値があるかを表しています。これをまとめると、基準になる量に対して、比べられる量（対象物）がどれくらいの大きさかを表すということができます。

　「孫との勉強以外だったら何かな……。さっきから気になっていたのだけど、"五分五分"って表現があるでしょ。よく勝負の世界で使われているよね。あれも比の表し方にはなってないけど、考え方としては同じなのかね、先生？」と、和田さんがさらに続けてくれました。

　これは、たとえば「平幕力士が横綱と五分と五分に渡りあう」というように使います。本来であれば横綱優勢だけど、今日の取り組みについていえば、その予想に反して平幕力士と横綱の力が拮抗しているということでしょう。これは、比にたとえることができます。平幕力士の実力を「1」としたとき、本来の横綱の実力はそれに対して「4」ぐらいあるとしまし

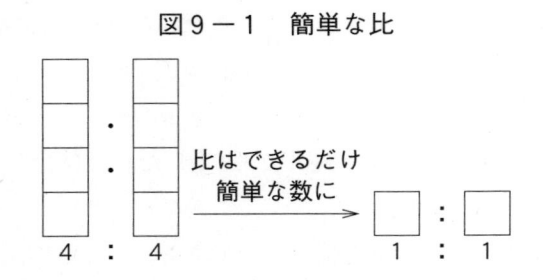

図9－1　簡単な比

4 : 4　　比はできるだけ　　1 : 1
　　　　簡単な数に

ょう。比で表すと〈1：4〉です。しかし、今日だけは、平幕力士の調子が絶好調で横綱と同等の4ぐらいありました。比にすると〈4：4〉、約すると〈1：1〉に直せます。「五分五分」は、表現方法は違っても比と同じ考え方といえます。

　さて、ここで、ほかの比の表し方をご紹介しましょう。
　❶A君とB君の所持金は〈1：4〉──関係の倍
　❷特製カフェオレはコーヒーと牛乳が〈4：5〉──分布の割合
　❸あるケーキ工場ではエクレアを1時間で50個、2時間で100個つくる〈1時間：2時間〉→〈50個：100個〉──生産高（仕事の速度）
　❹△ABCと△DEFの相似比は〈1：2〉──拡大率
　❺長方形の縦と横が〈2cm：3cm〉──形状比（操作の倍）

すべて、比で表しています。それぞれをもう少しくわしく見ていきましょう。

## ①関係の倍

　これは、A君の所持金100円を1と見た場合、B君の所持金400円がその4倍の関係があることを表している比です。基準となるもとの量に対して、比べられるものがそのいくつ分あるかというのが「関係の倍」ということです。

## ②分布の割合

　これは、特製カフェオレの量90gを1と見た場合（全体の量を1と見る）、コーヒーと牛乳の分布の割合が、コーヒー40gが4、牛乳50gが5、特製カフェオレ全体であわせて90gとすると9あるということです。この分布の割合を分数で表すとコーヒーが$\frac{4}{9}$、牛乳が$\frac{5}{9}$ということになり、

両方をあわせると〈$\frac{9}{9}=1$〉ということになります。ここでいう「分布」とは、全体を1として、その内訳（構成）を割合として表すことをいいます。

### ③生産高（仕事の速度）

　これは、最初読むと「どこが割合なの？」といぶかしがる人もいると思います。しかし、これも立派な割合の仲間なのです。「生産高（仕事の速度）」とありますが、これは、1時間当たりのエクレアの生産高を基準に、2時間での生産高、3時間での生産高……を、比を使って表しています。つまり、「1時間」という「1」を基準にして比べられる量を出します。列車の速度などもこの考え方です。速度は、1時間当たりに進む距離を表しています。一定の速度で走った場合、2時間、3時間……で進む距離を比で表すことができます。この速度と時間と距離の考え方は、ここから比例の世界につながるところです。

### ④拡大率

　相似比、これは中学3年生で習うものです。2つの三角形の場合、△ABCに対して△DEFがどれくらいの大きさかを、割合として出したものです。「率」とは、基準となる数量に対する割合を表す、という解釈になります。

### ⑤形状比（操作の倍）

　形状比は、〈2cm：3cm〉の長方形を同じ形のまま拡大や縮小したい場合に、基本となる形を表すものです。これは、縦と横の長さを対比させ、わかりやすいように「比」として表しています。縦を2倍したら横も2倍し〈4：6〉となっても大きさが異なるだけでその形は同じです。

　このように、比といっても実にいろいろな意味があるのです。比や、そ

れに含まれる「倍・分布・率・度」、これらをまとめて私たちは「割合」と称しています。以下に、「倍・分布・度・率」をピックアップして、それぞれをさらにくわしく見ていきます。

## ◆ 割合その②——倍

　まずは「倍」の話をします。日常でよく使われる「倍」が、割合の仲間だということを信じられますか？　私自身、この割合の勉強をしているとき、これがいちばんの発見で同時に驚きでした。ことばを換えれば、いかに日常生活のなかに割合が溶け込んでいるかということにもなるのです。

　さて、先ほどの比のところでは、①「関係の倍」と⑤「操作の倍」という２つの倍を使った比を紹介しました。普段使っている倍は、この２つから成り立っています。

「エッ？　ということは、私たちがよく『これは２倍くらいあるね〜』なんて言ってるのは、意味はよくわからないけど、この２つのいずれかっていうことなのかしら？　『倍』は『割合と』っていうことばと同じくらい何気なく使っているけど、これもやっぱり奥が深いのかしらね……」

　どうやら、横田さんの目が好奇心に満ち溢れてきたようです。では、さっそくこの２つの倍の説明をしましょう。それぞれを簡単に説明すると次のようになります。

　　**関係の倍**——６ｍのひもは２ｍのひもの３倍です。
　　**操作の倍**——２ｍのひもを３倍にしたら６ｍになります。

　関係の倍は、６ｍのひもと２ｍのひもの関係を表しています。２ｍのひもをもとの量"１"と考えたとき、６ｍのひもは"３"ということです。操作の倍は、２ｍのひもを３倍という操作をして量を増やしています。ここでの意味は、２ｍのひもを３つ分集めたら６ｍになるということです。

割合というのは、「２つ以上のものの量の関係を調べる」ことでした。簡単にいうと２つのものの関係性で、それを数値化したものが割合です。「ある量を３倍する（操作の倍）」と「もとの量の３倍になる（関係の倍）」といえることから、この２つの倍の意味はお互いにつながりをもっているのです。
　「たしかに、２つの倍の意味は違うわね。ってことは先生、さっき横田さんが言っていた『２倍くらいある』っていうのは、どっちになるのかしらね？」
　このときの倍は、結論からいうと「関係の倍」になります。たとえば、ここにおはじきがあります。これをまず片手でいっぱいにすくい取り、お皿の上に乗せます。次に両手でいっぱいにすくい取り、別のお皿の上に乗せます。すると、重さやおはじきの数を数えなくても、両手ですくったほうが多いことがハッキリとわかります。片手ですくったものより両手ですくったもののほうが何倍くらいあるか、を考えればいいのです。ちょうど、今回は２倍くらいありそうですね。これは、片手ですくったものより両手ですくったもののほうが２倍近くあると考えられるからです。つまり、２皿のおはじきの量の関係を倍で表しています。
　では、これはどうでしょう。「砂糖を塩の３倍用意する」というようなときの倍は、「関係の倍」、「操作の倍」のどちらになるのでしょう。
　「ん〜、ふだん何気なく使っていることばをこういうふうに考えると、だんだん『関係』なのか『操作』なのか訳がわかんなくなってきちゃうわ。どっちなのかしらね……」と、矢島さんのため息が聞こえてきました。
　確かに、いままで何気なく使っていることばを、ちょっと堅苦しく見ていくと混乱してきます。でも、塾に来ている子どもにもよくいうのですが、困ったときは「簡単な数で考えてみる」ことです。
　「そうね、それなら塩の量を10ｇにしてみるわ。そうすると砂糖の量は塩の３倍用意しなくちゃいけないから、30ｇってことね」と、今度は矢島さ

んが明るくこたえました。

　その調子です。いま話されたことばのなかに、この謎を解くキーワードがあります。「3倍用意する」と矢島さんは言いました。これは、自分の手を動かさないと用意できません。ということは……。

　「ひょっとして、これって『操作の倍』になるのかしら？　自分で用意するっていうのは『操作』していることよね。違うかしら……」

　「ボクも途中でひょっとしたら……と思っていたけど、やっぱり操作の倍だよね。『3倍用意する』っていうのは2つの量の関係を表しているとは思えないし」と和田さん。

　もうここまでくれば大丈夫でしょう。

## ◆　割合その③──分布

　分布とは、ある量の全体を1として考え、それを構成しているものの割合がどれくらいかを表したものです。

　たとえば、ある団地の住人の職業分布を調べるときには、団地の住人数をn人とし、乳幼児、小中学生、高校生、大学生、会社員、主婦などをそれぞれa、b……とし、n人を1と見たときのそれぞれの割合を$\frac{a}{n}$、$\frac{b}{n}$というように表します。このような方法を、全体を1と見た分布の割合といいます。

　この分布を使って、日本の税収がどのような税金で賄われているかを見てみましょう。

　まずは、年間の税収がどれくらいあるかを考えてみましょう。ここでは、2002年度のデータを使っていきます。日本の税収には、消費税、所得税、法人税、相続税、酒税、たばこ税、関税などの税目があります。これらが、果たしてどれくらいあったのでしょう。

　「そういえば、いつも税金っていったら消費税のことばかり考えていて、

日本の税収はあまり考えたことないわね。だから、どれくらい？って聞かれても想像もつかないわ」と、佐々木さんが言います。
　そうなんです、私も実はいままであまり気にしていなかったのですが、やはりこのような授業をやるうえで、また納税者として知っておかなくてはいけないことだと思いました。また、いまはインターネットで何でも調べられる時代ですから、簡単にその額43.8兆円はわかりました。では、これを基準の1としてその内訳を見ていきましょう。
　さて、この分布をデータとして表す場合は、全体から見て割合の高いものから挙げていきます。日本の税収のなかでその割合がいちばん高いものは何だと思いますか。先ほど税目を挙げましたが、そのなかに入っています。ヒントは、「サラリーマン」です。ここは、元サラリーマンの和田さんにお願いしましょう。
「サラリーマン!?　サラリーマンに直接関係があるっていったら、給料から天引きされる所得税かな。サラリーマンはよく仕事帰りに1杯よく引っかけて酒税を納めているけど、所得税に比べたらたかがしれているしな」
　和田さんがおっしゃったように、所得税がいちばん割合が高いのです。その額は14.8兆円で、税収に対する割合は約33.8%になります。この分布の割合を求める計算式は〈分布の割合＝比べられる量÷もとになる量〉となり、これを使って所得税の割合を出してみると以下のようになります。

$$
\begin{aligned}
\text{所得税の分布の割合} &= \text{所得税} \div \text{税収} \\
&= 14.8\,(\text{兆円}) \div 43.8\,(\text{兆円}) \\
&= 0.337\cdots\cdots \\
&= \text{約}33.8\%
\end{aligned}
$$

　では、2番目に割合の高い税目は何でしょう。これこそ、みなさんが日々の生活のなかでいちばんお付き合いしているものです。料理の好きな

安井さんは、買い物のときにいつも気にしているはずです。
「付き合いたくないけど、ということは消費税ってことかしら」
　その通りです。ふだん、みなさんが地道に払っている消費税、果たして年間でどれくらいの消費税収入になっているのでしょう。
「さっきの所得税が14.8兆円でいちばんだから、当然それよりは低いはずだけど、やっぱり見当がつかないわ……」
　なかなか、こういうのはむずかしいようです。実は、消費税収入は9.8兆円、約10兆円になります。現在の税率が5％なので、1％あたり約2兆円の消費税ということになります。そして、税収に対する割合は22.4％となります。
　ここで、スウェーデンの消費税をご紹介します。福祉で有名なこの国は、それを維持するために高い税金を国民が負担しています。なかでも、消費税率は日本と比べると桁違いの25％です。100円のものを買うと、税込みでは125円も支払うことになります。もし、日本の消費税がこうだったら暴動が起きそうですが、どうしてスウェーデンの人々はこんなに高い税率でも納めているのでしょう。
　もちろん、スウェーデンの国民のなかにも高いと思っている人がけっこういるようです。実際、有名なスポーツ選手などは、国籍はスウェーデンのままだけど、住んでいるところは別の国ということがよくあります。これは、1つに税金対策があるようです。でも、普通の人は当然スウェーデンに住んでいて、なぜ25％もの消費税を払っていても暴動が起きないのかというと、払った税金の使われ方をちゃんとわかっているからです。高負担の税金により、充実した福祉や教育、年金などの形で還元されるシステムができているから、スウェーデンの国民は高くても消費税をちゃんと払うのです。
　日本の場合は、消費税導入のときにその使い道もはっきりと示されず、現在もどのように使われているのかはっきりしないから、消費税に対する

表9-1　消費税の国際比較

|  | 消費税率<br>(付加価値税率) | その内、食品に対する税率 |
|---|---|---|
| 日　　本 | 5 | 5 |
| 韓　　国 | 10 | 10 |
| 中　　国 | 17 | 17 |
| フランス | 19.6 | 5.5 |
| ド イ ツ | 16 | 7 |
| スウェーデン | 25 | 12 |
| イギリス | 17.5 | 0 |

出典）財務省ホームページ　　　　　　　　単位：％

アレルギーが大きくなるのでしょう。政府は、「年金制度維持のためにも消費税率アップはやむを得ない」と、最近よくマスコミを通じて発言しています。しかし、その前に消費税全体がどういう使われ方をしているのか、さらには国民にとって望ましい使われ方は何かということを、もっと国民の同意を得ながらすすめていかないと、消費税率アップの話は受け入れられないのではないでしょうか。消費税率が高いか低いかを決めるのは、やはり国民の賢さともいえるでしょう。

　次に、3番目に割合が高い税目である法人税の話をしましょう。この税は、赤字企業は納税しなくてもいいものです。さらに、利益が出ていてもその額が少なければ納税額も少なくなるので、景気に左右されやすい税金といえます。では、2002年度はどれくらいの法人税があったのでしょう。「ん～、見当がつかないわ。消費税より少ないから、6兆円ぐらいじゃないかしら？」とこたえた矢島さんですが、残念ながらハズレです。実は、消費税とあまり変わらなく、その額は9.5兆円です。税収に対する割合は21.7％となります。

「法人税よりも消費税のほうが多いというのは知らなかったわ」

消費税と法人税の比率が逆転したのはこの2002年度からです。それまでは、法人税のほうが消費税よりも多かったのです。ちなみに、2001年度までは法人税は10兆円を超えていました。逆に、消費税はここ数年間はあまり額が変わっていません。赤字企業が増えて法人税が減り、個人消費もここ数年冷え込んだままで消費税も上がらない。このようなデータを見ると、やはりこのところの日本経済は病み続けていたということが実感できます。

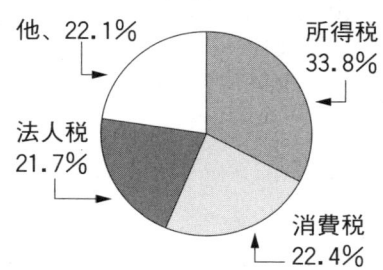

いま、紹介したデータをまとめたものが**図9－2**となります。

図9－2　税収のグラフ

他、22.1%
所得税 33.8%
法人税 21.7%
消費税 22.4%

## ◆ 割合その④──度と率

割合の最後は「度」と「率」です。度も率も、簡単に考えてしまえば「単位当たり量」のことを表しています。つまり、「1単位当たりいくつ分」という考え方です。

度は、速度の1つである時速で考えてみましょう。時速100kmは「100km／時」と表します。単位の部分を分解してみると、「km」は距離を表し、「／」は「**per**」と読んで「〜当たり」を意味する記号です。「時」は1時間を表します。そして、これを後ろから言い直して「1時間当たりに進む距離」のことをを「時速」といいます。「／」をはさんで、2つの異なる単位によって1つの量を表しています。

率のほうは、含有率で考えてみましょう。含有率とは、たとえば「食塩水の濃さ」というものが挙げられます。1kgの食塩水に0.1kgの塩が溶け

ている場合は「0.1kg／kg」と表します。これも単位の考え方はさきほどの率と同じように後ろから「1kg当たりの食塩0.1kgの量」と言い直すことができます。率の単位は、「／」をはさんで2つの単位が同じです。ここが、度と率の違いとなります。

　速度や密度というような「度」がつく単位は、異なる2つの単位をわり算することによって求められます。速度であれば、〈速度＝全体の距離÷所要時間〉という公式があります。全体の距離を所要時間でわることにより「単位時間当たりの走行距離＝速度」が求められるわけです。

　含有率や確率というような「率」がつく単位は、2つの同じ単位をわり算することによって求めることができます。先ほどの食塩水の濃さは、〈食塩含有率＝食塩の全体量（kg）÷食塩水の量（kg）〉というような式で求められます。食塩の全体量0.1kgを食塩水の量1kgでわることにより、食塩水1kg当たりの食塩の量（含有率）が求められるわけです。

　さて、率というと百分率が有名です。基準となる量を100として、そのなかにどれくらいの割合で比べられるものがあるのかを意味しています。「分布の割合」で紹介した税収のところでもすでに登場していますが、「％」で表すものです。これはいままでの割合とは異なり、どちらかといえば割合をわかりやすく表現する役割をもっています。先ほどの税収では、それぞれの項目が小数のままだとどれくらいの割合で占めているのかわかりにくいですが、百分率にして「％」をつけることによってわかりやすくなります。

　では、百分率があるのなら千分率もあるのかという疑問が湧いてきます。実は、千分率はあるのです。百分率の100を1000にしたもので、「1000当たりの数」を意味します。これは「‰（パーミル）」という記号を使って表します。0.2456という数値なら、1000をかけて「245.6‰」と表します（「**No.8**　小数の不思議」も参照）。

私たちの塾には学ぶことに困難をもった子どもたちが多く通っています。しかし、世界中を見たとき、学ぶことすら、いや生きていくことすらたいへんな子どもたちがたくさんいます。アフリカ諸国などで多く見られる現象としては、貧困が理由で栄養失調のためにたくさんの子どもたちが亡くなっています。ユニセフでは、この現状を「5歳未満児死亡率」というデータで表しています。

図9－3　アフリカ全土

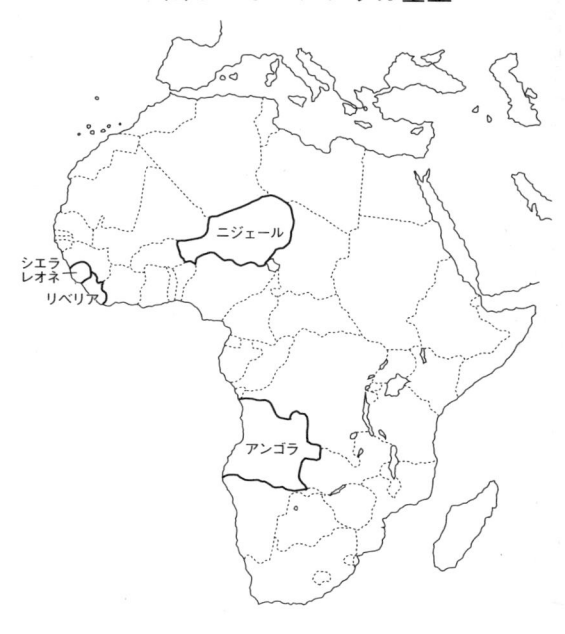

　2000年度の5歳未満児死亡率のトップは、アフリカ大陸にあるシエラレオネという国（地図参照）で、1000人当たり316人もの子どもが命を落としているのです。これを千分率で表すと「316‰」となります。以下、アンゴラ＝295‰、ニジェール＝270‰、アフガニスタン＝257‰、リベリア＝235‰と続きます。

　逆に、死亡率がいちばん低い国はどこかというと日本で、4‰です。1000人当たり4人ということです。アイスランド、スウェーデン、ノルウェー、シンガポール、スイスも同率です。これをシエラレオネと比べたとき、その格差にただただ驚かされるだけです。

　では、データ上では豊かな日本に住んでいる私たちが、このような劣悪な環境に住んでいる子どもたちに対していったい何をすることができるの

でしょう。子どもたちが被害者にならないように、そして未来への宝として成長していけるだけの環境形成を私たち大人は担っているのです。もちろん、そこには国境はありません。

## ◆ 社会のなかの割合

　今回の授業を通して、割合の考え方というのが、生活のあちこちにあることがおわかりいただけたと思います。初めにも述べた通り、数には量を表す数と割合を表す数があります。量を表す数は、ものを通して実感しやすいので、「目に見える貢献」をしているといえましょう。かたや、割合は２つのものの量の関係を表していて、それを数として表すためには計算が必要です。そのため、量を表す数よりも扱いがむずかしいのです。ことばを換えれば、抽象的な数ということになります。

　私は今回、この「割合」を担当するまでは、割合に対して「縁の下の力持ち」的な地味な存在だと思っていました。ところが、最近の日本経済を見ていると明るさの兆しが見え、新聞などでも「法人税収入が前年より34％増加」や「上場企業経常利益、前年度より27％増加」というような記事が目立ってきました。こういったデータのほとんどが割合を使っています。割合とは、「社会を映す鏡」という大切な役割を担っているのだと、認識を新たにした講座となりました。「ありがたかったなぁ」と、この拙稿を書きながら思ったものです。

No. **10**

# 分数の不思議

**佐々木さんのときめき**

## 分数のわり算の不思議発見!?

今村　広海

## ◆ 上から書いても「山本山」、下から書いても「山本山」

　昨年の夏の、生徒さんとの授業の話から始めたいと思います。昨年の夏休み、イギリスの小学校に通う6年生と勉強する機会がありました。小学校3年生からイギリスで過ごしたA君は、英語がペラペラで、算数も当然イギリス式です。日本人なら、分数はほとんどの人が分母から書き始めて分子に筆を進めます。しかし、A君は必ず分子から書き始めるのです。「分母から書いたほうがいいよ」と言っても、どうしても分子から書くのです。日本人の分数の感覚からいうと、母あっての子、つまり分母あっての分子と考えています。イギリスは日本とは少し違うのかもしれないと思い、分数について調べてみました。
　$\frac{2}{5}$ を例にとってみると、日本では「5分の2」と分母から読みますが、なんとイギリスでは「two　fifths」のように、分子の2を先に読んでから分母の5を読むのです。これでは、A君が分子から書いてしまうのはあたりまえです。さらに不思議なことは、分子の「two」は「2こ、2つ」という集合の意味を表す単語（集合数）ですが、分母の「fifths」は「5番目」という順序を表す単語（順序数）を使い、集合を表す「five」は使わないのです。これは、かなりの謎だと思っていろいろとがんばって調べてみたのですが、なぜそういうふうに読むのかはわからずじまいでした。
　日本人は $\frac{2}{5}$ について、「5等分したうちの2つ分」と考えているので、分母の5から数を読み、書くときも5から書いて、"〜分の"にあたる横棒をひいてから分子の2を書くのが当然だと思っていました。しかし、この話をほかの講師にしてみたところ、横棒をひいてから分母、分子と書く人が現れました。国や人によってこんなに違いがあるなんて、読み方、書き方だけ見ても、分数はほんとうに不思議な数だと感じました。さあ、そこで問題です。
　「❶プールの水から $\frac{1}{2}$ ℓをもってきなさい」と、「❷プールの水の $\frac{1}{2}$ を

もってきなさい」の2つの文では、実は意味が大きく違います。では、いったいどのように違うのでしょうか。
「どちらもそんなに違いがないように思うけど……」
「リットル、というところだけ違うわね」
　など、みなさんからいろいろな意見が出ました。そんななか、「うーん、もしかしたらだけど……」と、稲垣さんが口を開きました。
「❷はプールの水全体の$\frac{1}{2}$、何ℓになるかは想像もつかないけど、❶はプールの水から$\frac{1}{2}$ℓ、つまり1ℓの半分の0.5ℓの水をもってこいってことかしら」
　実は、❶の文は$\frac{1}{2}$ℓという量を表し、❷の文はプールの水全体の$\frac{1}{2}$、つまり割合を意味しているのです。子どものみならず、ともすると大人も間違ってしまいそうな質問に、佐々木さんは「$\frac{1}{2}$と$\frac{1}{2}$ℓは違うのね」と言って、"なるほど"という顔をされました。

## ◆ 分数の勘違い

　そもそも、整数を横棒ではさんで上下に2つ並べたものをほんとうに「数」とか数字といっていいのか、という気もしてきます。小数は整数と同じように10進法の原理に従っていますが、分数はそう簡単にはいきません。たとえば、「$\frac{1}{2}$と$\frac{1}{4}$の中間の数は？」という問題を考えてみましょう。
「$\frac{1}{3}$かしら？」と言ってから、しまったという顔をした安井さんが次のように訂正しました。
「〈$\frac{1}{2}=\frac{4}{8}$〉、〈$\frac{1}{4}=\frac{2}{8}$〉なので、そのあいだの数は$\frac{3}{8}$ってこと？」
「そう言われるとそうだ。でも、いじわるな問題だね」
「2と4のあいだの数は3なのに……」
「そうですよね。2と4のあいだの数は3だと思いこんでいるので、つい

つい$\frac{1}{3}$ってこたえてしまいそうになりますね」と相槌を打ち、「2と4の中間の数は3」という整数の世界のルールが、分数では単純にあてはまらないと説明しました。すると、じっと私の話を聞いていた矢島さんが、困ったような顔をして次のように話してくれました。

「エルダリーコースに参加して、整数の話まではなんとなくわかったんだけど、小数・分数までくると、私なんかもうお手上げの状態。でも、ここに来て、話を聞いてるだけでもちょっとは勉強になるんじゃないかなと思ってるんです」

こんなことを言われて、ちょっと恐縮してしまいました。というのも、私も講師としてみなさんの前で話をさせていただいていますが、私自身、分数は不思議で、むずかしい数だと思った経験があるからです。

小学校のとき、分数のいちばん初めの授業で、学校の先生があらかじめ準備しておいたテープをさして、「このように、1mを3等分したうちの1つ分を3分の1mといいます」と説明しました。私はここで、「あれっ、待てよ」と思いました。というのも、前に小数を学んだときは、1mを3等分したうちの1つは33.33……cmと3が永遠に続いてしまい、わりきれないと聞いた記憶があったからです。1mを3等分することは厳密にはできないと思っていたのに、目の前の黒板には3等分されたテープが張ってあるのです。目の前で起こっていることがなんとも不思議で、訳がわからなくなってしまったことを覚えています。

◆ 分数の文化・小数の文化

「$\frac{2}{5}$時間って何分くらいですか？」と聞かれて、みなさんはすぐにどれくらいの時間かわかりますか。「$\frac{1}{2}$時間は？」と聞くと「30分」というこたえはすぐに返ってきたのですが、「$\frac{2}{5}$時間」となるとさすがにちょっと複雑になります。60分を5でわって12分、それを2倍して24分と計算する

人、60分に$\frac{2}{5}$をかけて24分とする人、みなさん、エンピツを動かしながら計算に集中しています。

「でも先生、$\frac{2}{5}$時間なんて使うことないですよ」と、山田さんが一言発すると、みなさんもその通りだと頷いています。確かに、1時間半のことを「1.5時間」ということはあっても、「$\frac{3}{2}$時間」ということはほとんどありません。時間以外の日常生活のなかでもそうです。八掛け（0.8倍）や、実力が伯仲しているときの五分五分、七分袖、腹八分目などのように、日本では小数の考えがもとになったと思われる表現が多々あります（「No. 8 小数の不思議」も参照）。

これに対してイギリスやアメリカでは、グラフの目盛りに分数を使うことがあったり、「quarter to twelve」（12時の15分前＝11時45分）や食べ物の重さを表すときに「$\frac{3}{4}$パウンド」と表現することがあります。これらを見ても、アメリカやイギリスには分数を日常生活のなかでよく使う文化があるといえます。

しかし、だからといって、日本人だけが分数をむずかしいと思っているようではなさそうです。15年くらい前の話ですが、イギリスである大学教授が11歳児を対象に分数の到達度調査を行って「$\frac{3}{10}$を小数に直す」という問題を出したところ約25％の児童が「3.10」とこたえ、「0.9を分数に直す」という問題では、同じく約25％の児童が「$\frac{9}{0}$」または「$\frac{0}{9}$」とこたえたそうです。分数文化圏といえるイギリスやアメリカの子どもたちでも、どうやら分数はむずかしいようです。

## ◆ 昔の分数・いまの分数

エルダリーコースには、お孫さんと一緒に算数を学びたいという動機で参加されている方がいます。そのなかで、稲垣さんから分数にまつわるこんなエピソードの紹介がありました。

「1つのホールケーキを3人に等しくわけるように切って、と孫に頼んだんです。すると、孫はそのケーキを半分に切ったんです。注意しようと思ったんですけど、我慢して見てたんです。すると、今度はさらに2等分して、ケーキを4つにわけたんです。そして、そのなかから3つをとってこれを3枚の皿に乗せました。次はどうするのかなと思って見ていたら、今度は残った $\frac{1}{4}$ のケーキを3等分したんです。大人だったら絶対にそんなことは思いつかないのに、この子は変わってるなと……。子どもは生活のなかでいろいろなことを経験しながら学んでいくのでしょうが、このときは、子どもってこんな考え方をするんだと思ってびっくりしました」

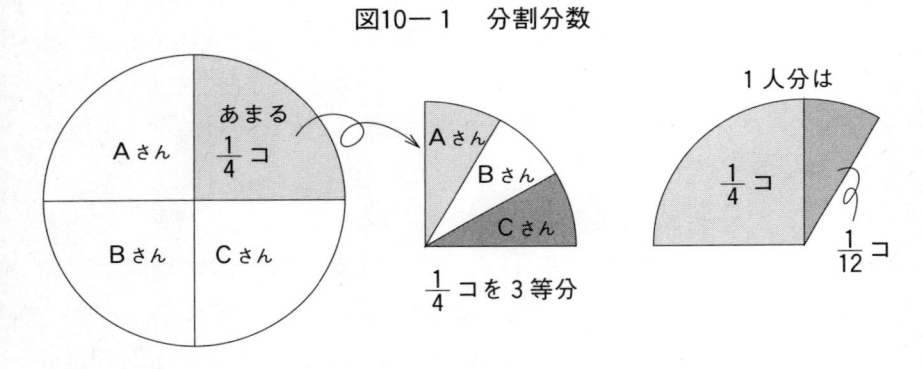

図10－1　分割分数

実は、この考え方は古代エジプト人の分数の考え方と非常に近いものなのです。式にすると次のようになります。

$$1 \div 3 = \frac{1}{4} + \frac{1}{12}$$

（初めの4等分）＋（残り $\frac{1}{4}$ をさらに3等分）

稲垣さんがおっしゃるように、子どもは生活のなかでいろいろなことを経験しながら学んでいくのですが、大人から見ると、結構むずかしく考えているような気もします。このケーキのわけ方の話は、数学の歴史の本に

よく紹介される単位分数（$\frac{1}{3}$や$\frac{1}{5}$のような分子が1の分数）の考え方と共通しています。たとえば、古代エジプトでは、〈$2 \div 5 = \frac{1}{5} + \frac{1}{5}$〉ではなく〈$\frac{1}{3} + \frac{1}{15}$〉と表していたというのです。いったい、どのように考えていたのでしょうか。

〈$2 \div 5 = \frac{1}{3} + \frac{1}{15}$〉は、次のように説明できます。2本のカステラを5人にわけます。ここでは、まず1本を5等分するのではなく、1本を3等分してカステラを6つにわけます。これを5人にわけると、$\frac{1}{3}$のカステラが1つあまります。このあまったカステラを5等分すると$\frac{1}{15}$のカステラができます。

　子どもがケーキをわけるという活動のなかに、古代エジプトの単位分数に似たわけ方が現れているというのはとても興味深いことです。式だけ見るととてもむずかしそうなことを、子どもたちは生活のなかでごく自然にやっているのですね。

図10−2　2本のカステラを5等分

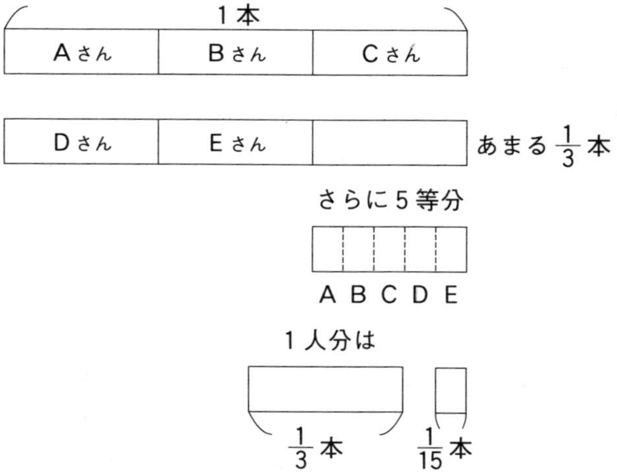

## ◇〈4÷3＝$\frac{4}{3}$〉の意味

中学生になると、わり算を分数で表すようになります。では、なぜそうできるかを、次のような問題を使って少し考えてみましょう。

【問題】 3㎡の畑に4ℓの水をまきます。1㎡当たりは何ℓになるでしょう。

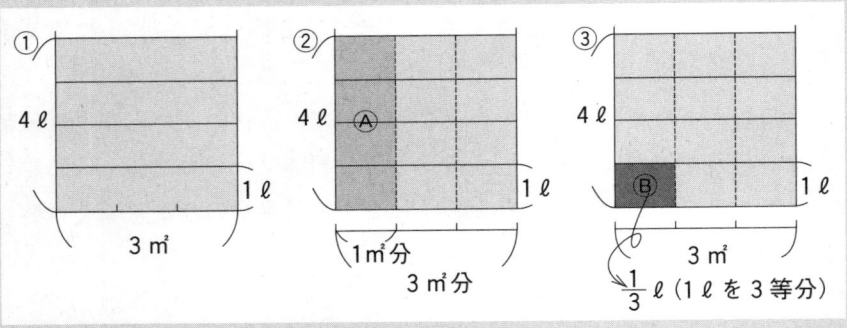

① 4ℓの水が入った水槽の図です。
② 3㎡の畑にまくので、図を縦に3等分します。1㎡当たりはⒶになります。
③ Ⓑは1ℓを3等分した1つ分になって、$\frac{1}{3}$ℓになっています。つまり、Ⓐの1㎡当たりは、$\frac{1}{3}$ℓの4つ分で$\frac{4}{3}$ℓになります。
　（式） 4（ℓ）÷3（㎡）＝$\frac{4}{3}$（ℓ／㎡）

【こたえ】 1㎡当たり$\frac{4}{3}$ℓ

「昔、学校で習ったときはただ先生にいわれた通りに分数にしていたけど、どうしてそうなるかなんて考えたこともなかったわ。図で見ると、なるほどって思いますね」と、安井さんが言ってくれました。子どものころはよくわからなかったことも、大人になって考えてみると「なんだそうだったのか」と思えることがあります。こういった発見も大人の学びの楽しさな

のかなと、安井さんの一言から感じました。

このように〈a÷b＝$\frac{a}{b}$〉と表せることになります。中学生以上の数学になるとわり算の記号はほとんど使わず、分数で表すようになります。いちいち「÷」を使わなくていいなんて、何と楽なことでしょう。

さらに少しむずかしい言い方をすると、〈a÷b＝$\frac{a}{b}$〉とできることは、計算の可能性という観点から、数の範囲を有理数全体に広げることを意味しています。たとえば、〈4÷3〉を小数で表すと1.333……と無限に続くことになってしまいますが、分数だと$\frac{4}{3}$と表せるのです。

## ◆ なぜ、わり算はひっくり返してかけるんですか

「なんだか、分数って小数で表せない数を表せたりできる都合のいい数字なのかな？　そういえば先生、分数のわり算って『後ろをひっくり返して』って習ったけど、あれはどういう意味なんですか？」と、佐々木さんからの質問です。

確かに、わり算なのにひっくり返してかけ算してしまうなんて、都合のいい話のように思えます。これもちゃんと説明できるのですが、みんな「どうしてひっくり返してかけるのか」はわかっていないことが多いのです。映画『おもひでぽろぽろ』（原作：岡本螢・刀根夕子、監督・脚本：高畑勲、製作：徳間書店・日本テレビ放送網・博報堂、1991年）のなかで、主人公のタエ子が分数のわり算ができなくてお姉さんに教わるシーンがあります。そのシーンの一部を簡単に紹介しておきます。

**姉**　分母と分子をひっくり返してかけりゃいいだけじゃないの。学校でそう教わったでしょ。
**タエ子**　うーん。
**姉**　じゃ、どうしてまちがったの。

**母** やえちゃん（姉）、ひとつひとつ教えてやって。

**タエ子** 分数を分数でわるって、どういうこと？

**タエ子** $\frac{2}{3}$ このリンゴを $\frac{1}{4}$ でわるっていうのは、$\frac{2}{3}$ このリンゴを4人でわけると1人何こかってことでしょ。

**タエ子** だから、1、2、3、4、5、6で1人 $\frac{1}{6}$ こになる。

**姉** 違う、違う、違う、違う、それはかけ算。

**タエ子** えーどうして？　かけるのに数が減るの？

**姉** $\frac{2}{3}$ このリンゴを $\frac{1}{4}$ でわるっていうのは……。

**姉** とにかく、リンゴにこだわるからわかんないのよ。かけ算はそのまんま。わり算はひっくり返すって覚えればいいの。

（中略）

**タエ子** だって、$\frac{2}{3}$ このリンゴを $\frac{1}{4}$ でわるなんて、全然想像できないんだもの。

　大人になってからタエ子は、「今、考えてみてもやっぱりむずかしいのよね、分数のわり算」と振り返っています。

　当時、小学校5年生のタエ子が分数のわり算の意味を必死に考える姿が、映像がなくても伝わってきます。お姉さんのほうはといえば、意味は考えずに操作だけを覚えていて、分数のわり算はひっくり返してかけるものとしてしかとらえていなかったために妹のタエ子にもうまく説明することができないのです。

「『分数のわり算は、なんでひっくり返してかけないといけなの？』なんて聞かれたら困るな……」

「小学校のときに理由は教わってないわよね」

「"$\frac{1}{4}$ にわける" ってところが間違っているような気がするけど、どういうふうに説明したらいいんだろう？」

　などと、教室のみなさんからはさまざまな反応がありました。今回のエ

ルダリーコースの「分数編」で、いちばん話題になったのがこの分数のわり算の話です。
「小学校のときは"なんで？"とか考えなかったですね」
「でも、いま考えても確かに不思議よね」
　分数のわり算が、なぜひっくり返してかければいいのかという子どもの質問にこたえられる大人は、そんなに多くはないと思います。学校の先生でもこたえられない人がいるといいます。
　実は、私も昔から知っていたわけではありません。分数のわり算の仕組みを知ったのはこの塾の講師になってからなのです。

## ◆ 分数のわり算の秘密

　それではいよいよ、なぜ分数のわり算はひっくり返してかけるのか、エルダリーコースでの話を紹介します。分数のかけ算の説明と、整数どうしのわり算を説明をしたあとで、次のような問題を考えてみました。図を使って考えていきましょう。

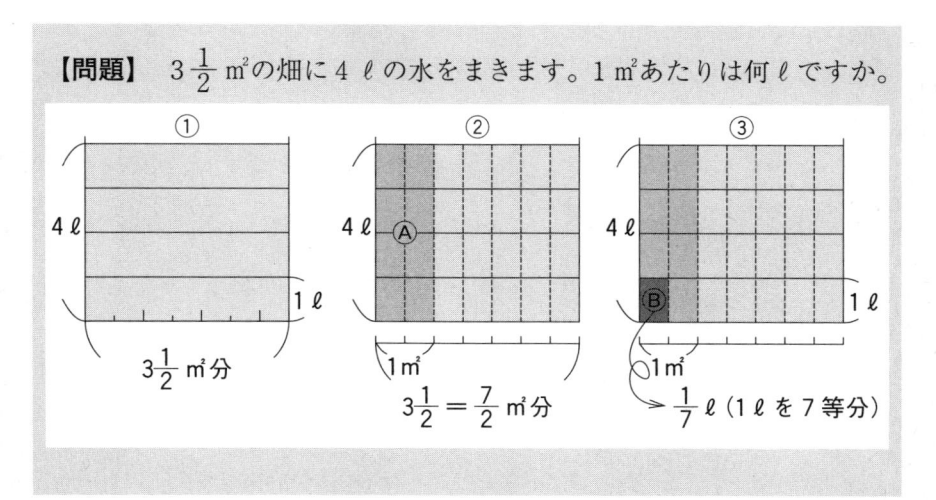

【問題】　$3\frac{1}{2}$ ㎡の畑に 4 ℓ の水をまきます。1 ㎡あたりは何 ℓ ですか。

① $3\frac{1}{2}$ ㎡分　4 ℓ　1 ℓ

② 1 ㎡　Ⓐ　$3\frac{1}{2} = \frac{7}{2}$ ㎡分　4 ℓ　1 ℓ

③ 1 ㎡　Ⓑ　$\frac{1}{7}$ ℓ （1 ℓ を 7 等分）　4 ℓ　1 ℓ

① 4ℓの水が入った水槽の図です。
② $3\frac{1}{2}$ m²の畑にまくので、図を縦に$3\frac{1}{2}$にわけます。すると、Ⓐが1m²当たりの水の量になります。また、$\frac{1}{2}$ m²分のはんぱが出てしまうので、$\frac{1}{2}$で区切っておくと$\frac{1}{2}$が7つ分になります（言い換えると、帯分数$3\frac{1}{2}$を仮分数$\frac{7}{2}$に直します）。
③ Ⓑ1こは、1ℓを7等分しているので$\frac{1}{7}$ℓになります。1m²当たりに、$\frac{1}{7}$が2×4つ分で$\frac{8}{7}$ℓになります。

$$4\,(ℓ) \div 3\frac{1}{2}\,(m^2)$$
$$= 4 \div \frac{7}{2}$$
$$= 4 \div 7 \times 2$$
$$= \frac{4}{7} \times 2$$
$$= 4 \times \frac{1}{7} \times 2$$
$$= 4 \times \frac{2}{7} \quad \text{(ひっくり返してかける!!)}$$

だからこたえは$\frac{8}{7}$ℓ/m²

「あれ、ひっくり返したことになってる」と、佐々木さん。では最後に、なぜひっくり返してかけるのかを一般的な例題で考えてみましょう。

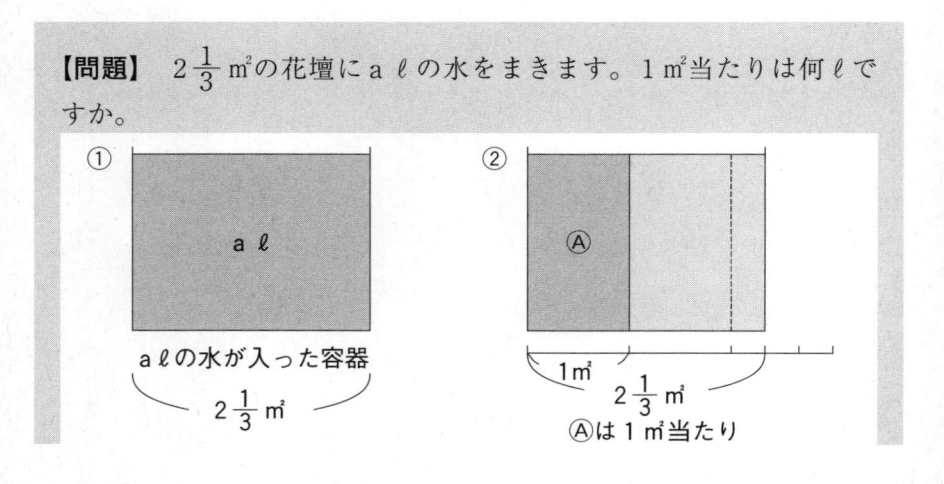

【問題】 $2\frac{1}{3}$ m²の花壇にaℓの水をまきます。1m²当たりは何ℓですか。

①
aℓ
aℓの水が入った容器
$2\frac{1}{3}$ m²

②
Ⓐ
1m²
$2\frac{1}{3}$ m²
Ⓐは1m²当たり

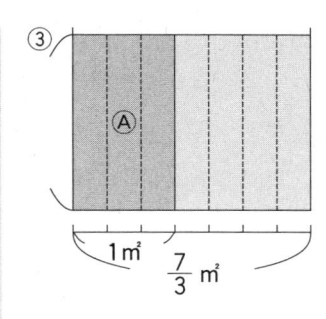

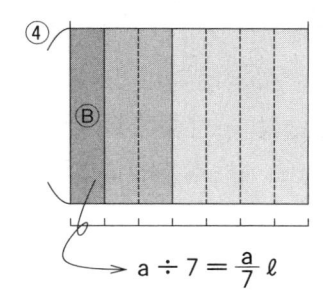

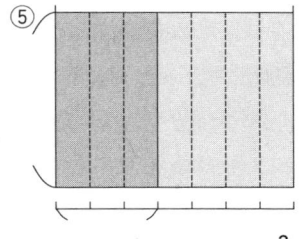

③  
1㎡  $\frac{7}{3}$ ㎡

④  
$a \div 7 = \frac{a}{7}\ell$

⑤  
1㎡当たりでは、$\frac{a}{7}\ell$ が3つ分

① a ℓ の水が入った水槽の図です。
② a ℓ の水が入った水槽を、まず $2\frac{1}{3}$ にわける線を入れます。Ⓐが1㎡当たりの水の量になります。
③ このとき $\frac{1}{3}$ ㎡分のはんぱが出ていますので、$\frac{1}{3}$ で区切ります（帯分数を仮分数 $\frac{7}{3}$ に直します）。
④ Ⓑは a ℓ を7等分しているので〈$a \div 7 = \frac{a}{7}$〉となります。
⑤ 図より1㎡当たりは $\frac{a}{7}$ が3つ分になるので〈$\frac{a}{7} \times 3$〉となります。

$$\begin{aligned}
(式)\quad a(\ell) &\div 2\frac{1}{3}(㎡) \\
&= a \div \frac{7}{3} \\
&= a \div 7 \times 3 \\
&= \frac{a}{7} \times 3 \\
&= a \times \frac{1}{7} \times 3 \\
&= a \times \frac{3}{7} \quad (やはりひっくり返してかける)
\end{aligned}$$

「う～ん、確かにひっくり返してかけることになっているなあ……」と、今度は瀬川さんが頷きます。
「でも、これって小学生でも理解できるのかな？」
「なんだか、キツネにつままれたようだ」
「こうだから、分数のわり算はひっくり返してかけると孫に教えればいいんですか？」
「……」

　その質問にどのようにこたえていいかわからず、私は絶句してしまいました。確かに、いまの話をそのまま小学生に説明して、果たしてどれくらいの子どもがわかるでしょうか。かといって、ほかに分数のわり算を説明できるだろうかと思いながら、エルダリーコースでは次のように話しました。
「分数のわり算が、どうしてわる数をひっくり返してかけるのか、すごくむずかしい話ですよね。分数の意味、わり算の意味がよくわかっていないと、小学生が理解するのはなかなかむずかしいと思います。しかし、だからこそ、わり算や分数をほんとうに理解できているかどうか、もういちど見直すいい機会だと思います」

　子どもに、「なぜ、ひっくり返してかけるのか」と聞かれたら、ぜひ、量の問題を図を使って説明してみてください。

### ◆　分数を学ぶとは……

「日常生活のなかで、分数を分数でわる場面なんて見たことがないので、生きていくうえではあまり必要があるように思えないけど、何でこんなむずかしいことを学校で勉強するのかしら？」
　分数のわり算を考えたときの安井さんが発したことばです。私はドキッとしながらも、確かにその通りだよな、と思いました。

そこで、最後に分数が数学や社会へどのようにつながっているかを考えてみましょう。分数をわかっていると、少し役に立つということはいっぱいあると思うのです。

初めにも出てきましたが、1mのテープを3等分するときに、分数では$\frac{1}{3}$mと表せますが、もし分数がなければ0.333……mと表さなければなりません。このような小数を「循環小数」というのですが（145ページも参照）、循環小数は分数で表すと途端に単純になるのです。0.428571428571……と、「0.」（小数点）のあとに428571が繰り返し繰り返し永遠に続く数も、分数にすると「$\frac{3}{7}$」と表せるのです。世のなかにははんぱなことも多いのですが、そのはんぱを表すための数として分数、小数のどちらも欠かせません。

たとえば、速度を表す単位でkm/h（「h」は時間を英語に直した「hour」の頭文字）を目にすることは多いでしょう。この単位、よく見てみると、kmとhの間に斜線「／」が入っています。この斜線こそがまさに分数を意味しています。60kmの道のりを2時間かけて走った自動車の平均速度は、〈60km÷2 hour＝30km/h〉となります。この、質の違う2つの量を、わり算という操作をしてまったく別の新しい量や単位をつくるときにその単位を分数で表しているのです。

小学生にとって、速さと時間、距離の関係を理解することはむずかしいことです。小学生は「30km/h」を「時速30km」と書くように教えられます。速さを求める問題で、距離を時間でわればいいのか、時間を距離でわるのか、それとも時間と距離をかけるのか、と迷ってしまう子どもにとっては、速さ（時速）の単位を「km/h」と表すほうがわかりやすいかもしれません。このように分数は、性質の違う2つの量から新しい量をつくるときの単位として大切な役割を果たしているのです。

ほかにも、分数の考えが必要なときがあります。私は、野球が大好きなので野球を例に挙げて説明すると次のようになります。

「僕は打率が5割だ」とある人が言ったとき、それがいったい何打数何安打なのかということでその評価がガラッと変わってきます。2打数1安打（$\frac{1}{2}$）や4打数2安打（$\frac{2}{4}$）くらいだと打率5割といわれても「ただのまぐれかも」と思いますが、100打数50安打（$\frac{50}{100}$）になると、周りから尊敬の眼差しを受けることは必至です。小数にすると同じ0.5（5割）でも、分数で表すと意味が違ってくるのです。

このような例は、ほかにも結構見られます。たとえば、「内閣支持率が60％」ということは、有権者全体の約6割の人が内閣を支持しているという意味で使われています。しかし、ここでも打率の話のときと同じように、分母の数に注目する必要があります。分母が10人なのと1万人なのとでは、同じ60％でも意味が違うことは明らかです。

このように、2つの量を相対的に見る場合に分数は欠かせないものです。2つの量を相対的に見る力は、たとえば中学校で学ぶ1次関数のように数学にも欠かせないものであり、また日常生活でも欠かせない「ものの見方」になります。

最近よく耳にする言葉のなかにも、分数が関係していることばがあります。これからの日本の産業の中心になっていくといわれる「ナノテク」です。「ナノテクノロジー」の略で、実はこの「ナノ」も分数に多少関係があることばなのです（128ページも参照）。「ナノ」はラテン語で「小さい人」という意味で、10の9乗分の1、つまり10億分の1のことです。1 nmは10億分の1 m、地球の直径が約1300万m、1円玉の半径が0.01 mですから、地球の直径と1円玉の半径の比率が1 mと1 nmの比率とだいたい同じくらいになります。想像できない大きさ（小ささ？）の世界ですね。

また、環境問題などのニュースでよく耳にする「ppm」の意味を、私は恥ずかしながらまったく知りませんでした。今回のエルダリーコースを担当して初めて意味を知りました。「ppm」とは「parts per million」の意味

で、日本語に直すと「parts」は「部分」、「per」は「〜につき」（km/hの斜線部「／」と同じ意味）、「million」は「100万」となり、「100万分の1」ということになります。わかりやすく説明すると縦、横、高さがそれぞれ100cmの容器があります。その容積1,000,000cm³のなかの1cm³分、なんと縦、横、高さがそれぞれ1cmの容器が1つ分ということになります。

この説明でもわかるように、ppmは比率ということになり、日常生活でよく使う「パーセント（百分率）」と同じ考え方で、いわゆる単位とは違うのですが現在では単位のように使われています。

10億分の1、100万分の1というごくごく小さい数が人間の生活を脅かすようになった現在、このような問題に関心をもつために日常的によく使われる「ピーピーエム」ということばが本来の「ppm」という数学や化学の用語として意識されるようになるためには、分数の知識が必要です。昔は聞いたこともなかった横文字を、分数の知識で理解することができるのです。

数学には分数が欠かせません。その分数についての知識を高めることによって、刻々と変化する社会のなかにおいて、いろいろな面で生活をより豊かなものにしてくれるような気がしてなりません。

## おわりにかえて——"数が苦"から"数楽"への憧れ

　いちどでいい、算数がわかったときの快感や数学のおもしろさを、生きてる間に心ゆくまで味わいたい……。

　おそらくは、学校時代にさんざん"数が苦"体験を刻み込まれたお年寄りにとって、"数楽"への憧れは、人一倍つよい思いでしょうが、もう一方で、では誰が、どんな内容をていねいに教えてくれるのか、という段になるとそれほど選択肢があるわけではなく、ボケ防止のための簡単な漢字や計算のドリルを黙々とやらされるのがオチでしょうか。

　実は、私自身もまた、小学校以来ずっと"数が苦"家であることを自他ともに認めていた１人でした。60歳を超えたいまなお、小学校時代の担任が投げつけてくるチョークの夢にグッショリの寝汗をかいているのですから、いかにできない子どもであったかを我ながら改めて知る思いがします。

　ところが、いまでは算数・数学を中心に教える遠山真学塾の主宰者。ホント、人生って不思議なものですね。数学者遠山啓先生とのふとしたご縁から、考える科学としての"数楽"のおもしろさに開眼しつつあります。

　さらに、私たちの塾の若い講師のみなさんと、私以上にお年を召した方々との「エルダリーコース」の授業へと一歩前進しました。そして、つたないながらもその講義録としてまとめたのが本書です。若いメンバーだけに授業の成果を問われても反省ばかり多くて、受講者のみなさまには申し訳なく思っています。いままた１冊の単行本として上梓するにあたって私をふくめ全員が精いっぱい努力をしてきたのですが、如何せん誤解や偏見、独断などのおそれなしとしません。その折には、どうかご寛恕いただきたく思います。

あとは、お読みいただくみなさまに、どのように評価していただくかの覚悟です。書き直しを何回したかはあまりにも多くて覚えていませんが、推敲に推敲を重ねた思いの一端を、おくみとりいただければ幸いです。

　本書もまた、新評論の武市一幸社長のおかげをもって編むことができました。シッタゲキレイ……、武市さんのご指導を得て小塾の林由紀を中心にした若い講師たちが日に日に成長していく姿を目の当たりにすることができました。1冊でも多く、読者のみなさまに手にとっていただくことを希っています。そして、もし、本書をおもしろいと思っていただけたなら、ぜひ、お知り合いの方にご紹介いただければ幸いです。

　2004年6月25日

　　　　　　　　　　　　　　　　　　　　　　　　遠山真学塾
　　　　　　　　　　　　　　　　　　　　　　　主宰　小笠　毅

## 執筆者紹介
(執筆順)

**小笠　毅**（おがさ・たけし）：奥付参照。

**京谷　朋子**（きょうたに・ともこ）
1980年生まれ。2003年立命館大学卒業。
現在、遠山真学塾スタッフ。

**岩瀬　裕美**（いわせ・ひろみ）
1975年生まれ。1999年明星大学大学院修士課程修了。

**林　由紀**（はやし・ゆき）：奥付参照。

**佐藤　愛**（さとう・あい）
1975年生まれ。1999年東京学芸大学卒業。
現在、遠山真学塾スタッフ。

**千田　悦代**（ちだ・いつよ）
1975年生まれ。1999年東京学芸大学卒業。
現在、遠山真学塾スタッフ。

**小暮　千夏**（こぐれ・ちなつ）
1979年生まれ。2002年日本社会事業大学卒業。
現在、遠山真学塾スタッフ。

**小笠　直人**（おがさ・なおと）
1974年生まれ。1997年立正大学卒業。
現在、遠山真学塾スタッフ。

**今村　広海**（いまむら・ひろみ）
1978年生まれ。2001年東京学芸大学卒業。
現在、遠山真学塾スタッフ。

### 編者紹介

**小笠　毅**（おがさ・たけし）
1940年生まれ。
立命館大学法学部卒業後、不二家、ほるぷ社を経て、
現在、遠山真学塾主宰・立命館大学非常勤講師。
著書　『比較障害児学のすすめ』新評論、2003年
　　　『学びへの挑戦』新評論、2000年
　　　『教えてみよう　さんすう・すうがくシリーズ』①～⑤、日本評論社、
　　　1999年ほか。

**林　由紀**（はやし・ゆき）
1980年生まれ。2002年津田塾大学卒業。
現在、遠山真学塾スタッフ。

```
遠山真学塾
住所　〒180-0022　東京都武蔵野市境1-2-1　丸十ビル5F
TEL  0422-54-4709
FAX  0422-54-4425
E-mail sweden@muc.biglobe.ne.jp
H・P  http://www2u.biglobe.ne.jp/~gasa/
```

遠山真学塾エルダリーコース
"数楽力"への挑戦──［数が苦］からの脱出法──　　（検印廃止）

2004年7月25日　初版第1刷発行

　　　　　　　　　　　　　　　編著者　小　笠　　　毅
　　　　　　　　　　　　　　　　　　　林　　　由　紀
　　　　　　　　　　　　　　　発行者　武　市　一　幸

　　　　　　　　　　　　　　　発行所　株式会社　新　評　論
〒169-0051　東京都新宿区西早稲田3-16-28
http://www.shinhyoron.co.jp　　　　　　　TEL 03 (3202) 7391
　　　　　　　　　　　　　　　　　　　　 FAX 03 (3202) 5832
　　　　　　　　　　　　　　　　　　　　 振替 00160-1-113487

　　　　　　　　　　　　　　　印　刷　フォレスト
　　　　　　　　　　　　　　　製　本　桂川製本
　　　　　　　　　　　　　　　装　丁　山田英春＋根本貴美枝
落丁・乱丁はお取り替えします。　　　扉イラスト　千田悦代
定価はカバーに表示してあります。　　（本文中イラストは各執筆者）

Ⓒ小笠　毅・林　由紀他　2004　　　　　　　　　　　　Printed in Japan
　　　　　　　　　　　　　　　　　　　　　　ISBN4-7948-0641-8 C0041

## 売行良好書一覧

**小笠 毅**
**学びへの挑戦** 四六 240頁 1680円
ISBN4-7948-0492-X 〔00〕
【学習困難児の教育を原点にして】「子どもの権利条約」を縦軸に、インクルージョン教育を横軸に、障害児教育を原点に据えて真の教育・学びの場をめざす「遠山真学塾」の挑戦。

**小笠 毅**
**比較障害児学のすすめ** 四六 248頁 2100円
ISBN4-7948-0619-1 〔03〕
【日本とスウェーデンとの距離】障害の有無に関わらず他者との違いを認めながら共に学び・生きるスウェーデンと、分離教育の日本。この違いが社会のあり方を変える。

**A.リンドクウィスト，J.ウェステル／川上邦夫訳**
**あなた自身の社会** A5 228頁 2310円
〔97〕
【スウェーデンの中学教科書】社会の負の面を隠すことなく豊富で生き生きとしたエピソードを通して平明に紹介し、自立し始めた子どもたちに「社会」を分かりやすく伝える。

**B.ルンドベリィ＆K.アブラム＝ニルソン／川上邦夫訳**
**視点をかえて** A5 224頁 2310円
ISBN 4-7948-0419-9 〔98〕
【自然・人間・社会】視点をかえることによって、今日の産業社会の基盤を支えている「生産と消費のイデオロギー」が、本質的に自然システムに敵対するものであることが分かる。

**J.S.ノルゴー＆B.L.クリステンセン／飯田哲也訳**
**エネルギーと私たちの社会** A5 224頁 2100円
ISBN 4-7948-0559-4 〔02〕
【デンマークに学ぶ成熟社会】持続可能な社会に向けてエネルギーと自分自身の暮らしを見つめ直し、価値観を問い直すための（未来書）。坂本龍一氏推薦！「すばらしい本だ」

**北欧閣僚評議会編／大原明美訳**
**北欧の消費者教育** A5 160頁 1785円
ISBN 4-7948-0615-9 C0036 〔03〕
【「共生」の思想を育む学校でのアプローチ】経験を通して学ぶことを重視する北欧での消費者教育では、ごく自然に社会とかかわりながら市民参加の領域についても学ぶことができる。

**松田道雄**
**駄菓子屋楽校（がっこう）** 四六 608頁 3675円
ISBN 4-7948-0570-5 〔02〕
【小さな店の大きな話・子どもがひらく未来学】老若男女の夢空間。駄菓子屋文化圏の歴史を丹念に辿り、その発展的復活への道筋をユニークな着想と実践で描く壮大な文化論。

**清水 満**
**〈新版〉生のための学校** 四六 336頁 2625円
ISBN 4-7948-0334-6 〔96〕
【デンマークに生まれたフリースクール「フォルケホイスコーレ」の世界】テストも通知票もないデンマークの民衆学校の全貌を紹介。新版にあたり、日本での新たな展開を増補。

**山浦正昭**
**歩く道は、ぼくたちの学校だぁ** 四六 228頁 1890円
ISBN 4-7948-0490-3 〔00〕
徒歩旅行の第一人者である著者が少年たちと歩いた距離は12年間で約6000km。ザックを背負い野宿をし、自分の身体と心を頼りに歩いた、ガイドブックにない旅の魅力を語る。

※表示価格はすべて税込定価・税5％